Pocket Guide Geologie im Gelände

W0258777

Tom McCann

Pocket Guide Geologie im Gelände

Tom McCann
Steinmann-Institut für
Geologie, Universität Bonn

Bonn, Nordrhein-Westfalen
Deutschland

ISBN 978-3-662-59421-6   ISBN 978-3-662-59422-3   (eBook)
https://doi.org/10.1007/978-3-662-59422-3

Die Deutsche Nationalbibliothek verzeichnet diese Publikation in der Deutschen Nationalbibliografie; detaillierte bibliografische Daten sind im Internet über http://dnb.d-nb.de abrufbar.

Springer Spektrum
© Springer-Verlag GmbH Deutschland, ein Teil von Springer Nature 2019
Das Werk einschließlich aller seiner Teile ist urheberrechtlich geschützt. Jede Verwertung, die nicht ausdrücklich vom Urheberrechtsgesetz zugelassen ist, bedarf der vorherigen Zustimmung des Verlags. Das gilt insbesondere für Vervielfältigungen, Bearbeitungen, Übersetzungen, Mikroverfilmungen und die Einspeicherung und Verarbeitung in elektronischen Systemen.
Die Wiedergabe von allgemein beschreibenden Bezeichnungen, Marken, Unternehmensnamen etc. in diesem Werk bedeutet nicht, dass diese frei durch jedermann benutzt werden dürfen. Die Berechtigung zur Benutzung unterliegt, auch ohne gesonderten Hinweis hierzu, den Regeln des Markenrechts. Die Rechte des jeweiligen Zeicheninhabers sind zu beachten.
Der Verlag, die Autoren und die Herausgeber gehen davon aus, dass die Angaben und Informationen in diesem Werk zum Zeitpunkt der Veröffentlichung vollständig und korrekt sind. Weder der Verlag, noch die Autoren oder die Herausgeber übernehmen, ausdrücklich oder implizit, Gewähr für den Inhalt des Werkes, etwaige Fehler oder Äußerungen. Der Verlag bleibt im Hinblick auf geografische Zuordnungen und Gebietsbezeichnungen in veröffentlichten Karten und Institutionsadressen neutral.

Einbandabbildung: Tom McCann
Planung/Lektorat: Stephanie Preuß

Springer Spektrum ist ein Imprint der eingetragenen Gesellschaft Springer-Verlag GmbH, DE und ist ein Teil von Springer Nature
Die Anschrift der Gesellschaft ist: Heidelberger Platz 3, 14197 Berlin, Germany

Inhaltsverzeichnis

Überblick

© Springer-Verlag GmbH Deutschland, ein Teil von Springer Nature 2019
T. McCann, *Pocket Guide Geologie im Gelände,*
https://doi.org/10.1007/978-3-662-59422-3_1

Minerale sind natürlich vorkommende Feststoffe anorganischer Natur mit einer definierten chemischen Zusammensetzung und einer bestimmten physikalischen Kristallstruktur. Sie sind ein Grundbestandteil der Erde, aber auch anderer Himmelskörper (z. B. der Mond, Meteoriten).

Gesteine sind natürliche und stabile Aggregate oder Vereinigungen von Mineralen (eines/mehrere), die in drei Hauptgruppen unterteilt werden können – magmatisch, sedimentär und metamorph (Abb. 1.1, Tab. 1.1).

Magmatische Gesteine entstehen durch Abkühlung geschmolzenen oder teilweise geschmolzenen Materials (Magma) auf oder innerhalb der Erdkruste. Abkühlung auf oder nahe zur Oberfläche ergibt extrusive magmatische Gesteine (z. B. Basalte), während Abkühlung innerhalb der Erde intrusive magmatische Gesteine (z. B. Granite) bildet. Beim Abkühlungsprozess des Magmas bilden sich Kristalle charakteristischer Minerale.

Sedimentäre Gesteine entstehen durch die Konsolidierung und Zementierung von lockeren Sedimenten (z. B. Sande) oder organischer Substanz (z. B. Kohle), die in Schichten auf der Erdoberfläche abgelagert oder chemisch ausgefällt (z. B. Karbonate, Evaporite) wurden.

Metamorphe Gesteine werden aus bereits existierenden Gesteinen gebildet, die sich aufgrund neuer Temperatur- und Druckbedingungen umwandeln. Diese neuen Bedingungen ergeben mineralogische, chemische und strukturelle Änderungen.

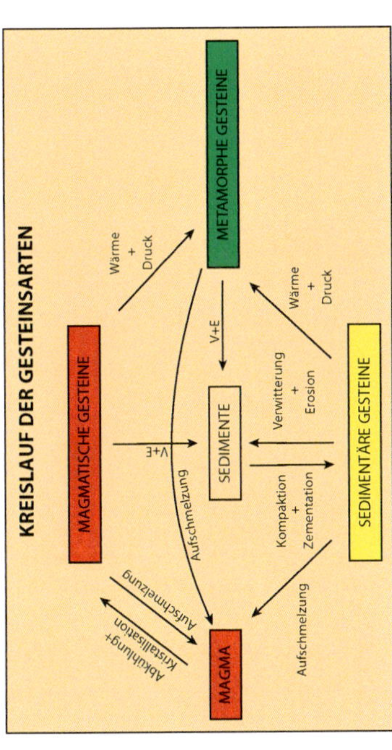

◦ **Abb. 1.1**   Kreislauf der Gesteinsarten (V: Verwitterung; E: Erosion). (Nach McCann und Valdivia Manchego 2015)

Tab. 1.1 Allgemeine Eigenschaften von magmatischen, metamorphen und sedimentären Gesteinen. (Nach McCann und Valdivia Manchego 2015)

	Plutonische Gesteine	Vulkanische Gesteine	Metamorphe Gesteine	Sedimentäre Gesteine
Kristallinität	Kristallin	Kristallin	Kristallin	Nicht kristallin, sondern meist Fragmente; Ausnahme: manche Kalksteine & Evaporite
Größe Kristalle/ Fragmente	Große Kristalle aber Mineralgröße variable	Kleine Kristalle (nicht mit Auge erkennbar; mikrokristallin bis glasig), mit einigen großen Kristallen (porphyrisch)	Meist große Kristalle (manchmal mit einigen größeren Kristallen d. h. Porphyroblasten). Bei Schichtung: individuelle Schichten haben bestimmte Kristallgrößen	Fragmente (Klasten/Körner) können sehr variabel sein (z. B. Sandstein, Konglomerat)

(Fortsetzung)

□ Tab. 1.1 (Fortsetzung)

	Plutonische Gesteine	Vulkanische Gesteine	Metamorphe Gesteine	Sedimentäre Gesteine
Zusammen-setzung	Meist $\geq$2 Minerale	meist $\geq$2 Minerale	Kann mono-mineralisch sein (z. B. Marmor, Quar-zit), aber meist $\geq$2 Minerale	Kann mono-mineralisch sein (z. B. Kalkstein, Dolomit), aber meist $\geq$2 Minerale
Farbe	Farbe variabel – hell (z. B. saure Zusammensetzung) oder dunkel (z. B. basische Zusammensetzung)	Farbe variabel – hell (z. B. saure Zusammensetzung) oder dunkel (z. B. basische Zusammensetzung)	Farbe variabel – manchmal gestreift (z. B. Gneis)	Farbe sehr variabel
Strukturen	Normaleweise keine Schichtung	Manchmal mit Schichtung oder Fließstrukturen. Manchmal Saülen-bildung	Oft mit Parallel-gefüge (z. B. Schie-ferung)	Meist ausgeprägte Schichtung

(Fortsetzung)

◘ Tab. 1.1 (Fortsetzung)

	Plutonische Gesteine	Vulkanische Gesteine	Metamorphe Gesteine	Sedimentäre Gesteine
Fossilien vorhanden	Keine Fossilien	Fossilien in bestimmten Fällen (z. B. Tuffe)	Manchmal Fossilien	Oft Fossilien
Reaktion mit HCl			Manchmal Reaktion mit HCl	Karbonate zeigen starke Reaktion mit HCl

Minerale

© Springer-Verlag GmbH Deutschland, ein Teil von Springer Nature 2019
T. McCann, *Pocket Guide Geologie im Gelände*,
https://doi.org/10.1007/978-3-662-59422-3_2

Es gibt ca. 4600 anerkannte Minerale, aber weniger als 40 Minerale bauen den größten Teil der Gesteine auf. Am häufigsten sind Quarz, Feldspat, Glimmer, Pyroxene, Amphibole und Olivin. Weitere häufige Minerale sind Calcit, Dolomit, Magnetit, Pyrit, Chlorit, Tonminerale, Epidot, Magnetit und Hämatit (■ Tab. 2.1). Die gesteinsbildenden Minerale können in 3 Gruppen unterteilt werden:

- **Hauptminerale (Hauptgemengteile,** >10 Vol.-%): Quarz, Feldspat, Pyroxen, Amphibol, Biotit sie bilden die Hauptbestandteile des Gesteins
- **Nebenminerale (Nebengemengteile,** 1–10 Vol.-%)
- **Akzessorien** (<1 Vol.-%).

■ **Tab. 2.1**   Häufigkeit von Mineralen in der Erdkruste in Vol.-%. (Nach Ronov und Yaroshewsky 1969)

Mineral	Vol.-%
Plagioklas	39
Alkalifeldspäte	12
Quarz	12
Pyroxene	11
Amphibole	5
Glimmer	5
Olivin	3
Tonminerale (+ Chlorit)	4,5
Calcit (+ Aragonit)	1,5
Magnetit (& Titanmagnetit)	1,5
Dolomit	0,5
Andere (Granat, Kyanit, Sillimanit, Apatit usw.)	4,9

2.1 Kristalle

Jeder Kristall, d. h. auch jedes kristallisierte Mineral, zeichnet sich durch einen ihm eigenen, geometrisch definierten Feinbau aus. Als Ergebnis dieses Gitterbaus sind Kristalle relativ homogen, d. h. sie sind physikalisch und innerhalb festgelegter Grenzen chemisch einheitlich aufgebaut (außer in Mineralen mit Zonarbau).

Zur Beschreibung und Identifizierung eines Minerals gehören nicht nur seine kristallographischen, physikalischen und chemischen Eigenschaften, sondern auch Kenntnisse über sein Auftreten und Vorkommen in der Natur. Die Gestalt eines Kristalls, definiert über natürlich gebildete Flächen, spiegelt die regelmäßige atomare Anordnung des Minerals wider.

2.1.1 Kristallsymmetrie und Kristallsysteme

Kristalle können aufgrund ihrer Symmetrie in sieben verschiedene Systeme gruppiert werden (■ Abb. 2.1). Die verschiedenen Kristallsysteme bilden unterschiedliche Tracht und Habitus aus.

- **Kubisches System** – Würfel, aber auch z. B. Oktaeder, Rhombendodekaeder (z. B. Galenit, Pyrit)
- **Tetragonales System** – ähnlich wie kubische Formen aber mit einer längeren Achse und bilden z. B. Prismen und Pyramiden (z. B. Chalkopyrit, Rutil, Zirkon)
- **Orthorhombisches System** – ähnlich wie die Kristalle des tetragonalen Systems, außer dass sie keinen quadratischen Querschnitt zeigen (z. B. Olivin)
- **Hexagonales System** – 6-seitige Prismen mit einem hexagonalen Querschnitt (z. B. Apatit, Beryll)
- **Trigonales System** – Kristalle dieses Systems haben eine 3-fache Rotationsachse statt einer 6-fachen wie im hexagonalen System. Zusätzlich ist der Querschnitt der prismatischen Grundform dreieckig im Vergleich mit einem

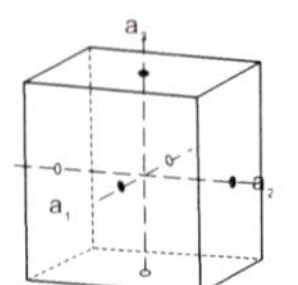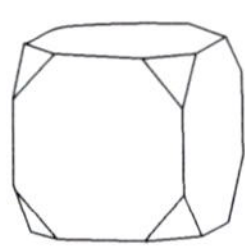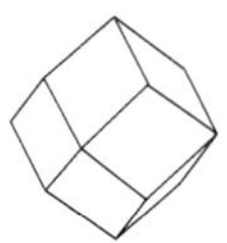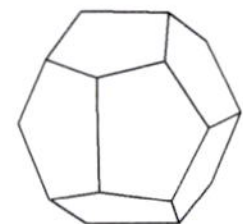

Kubisches System

$a_1 = a_2 = a_3$ bzw. $a = b = c$

$\alpha = \beta = \gamma = 90°$

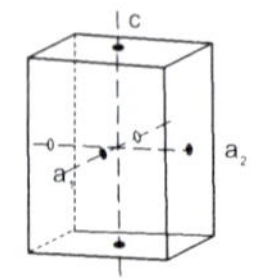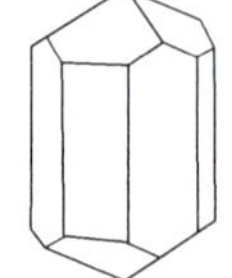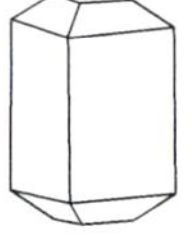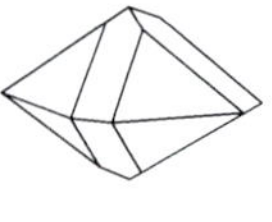

Tetragonales System

$a_1 = a_2 \neq c$ bzw. $a = b \neq c$

$\alpha = \beta = \gamma = 90°$

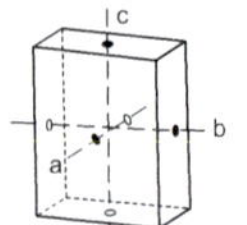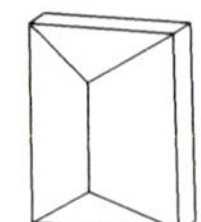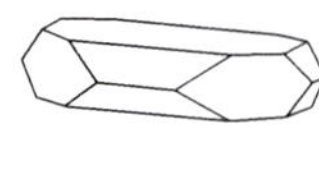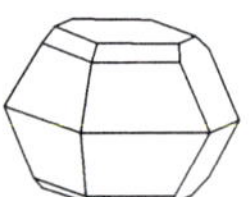

Orthorhombisches System

$a \neq b \neq c$

$\alpha = \beta = \gamma = 90°$

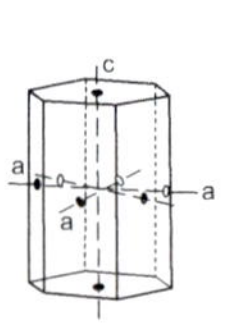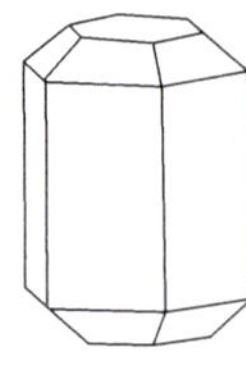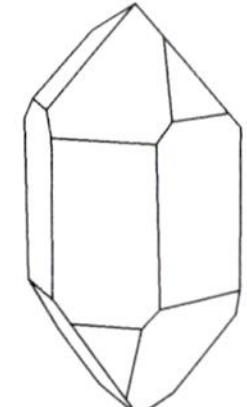

Hexagonales System

$a_1 = a_2 = a_3 \neq c$

Winkel zwischen a_1 und a_2 und a_3 (γ) = 120°

Winkel zwischen a_1, a_2, a_3 und c = 120°

Ein Kristall ist hexagonal wenn er eine 6-zählige
Achse aufweist

◆ **Abb. 2.1**   (Fortsetzung)

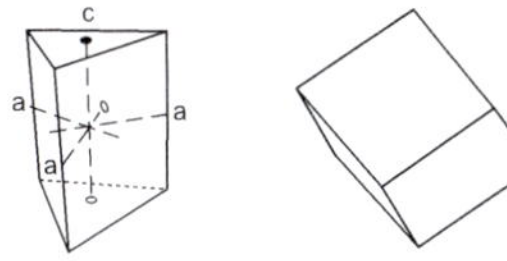

Triagonales System

$a_1 = a_2 = a_3 \neq c$

Winkel zwischen a_1 und a_2 und a_3 (γ)= 120°

Winkel zwischen a_1, a_2, a_3 und c = 120°

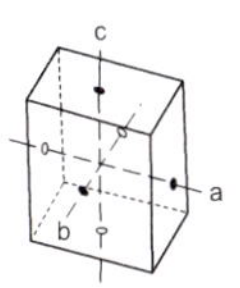
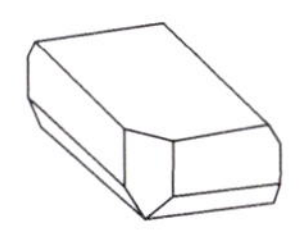
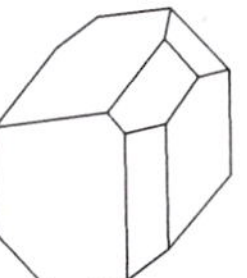

Monoklines System

$a \neq b \neq c$

$\alpha = \gamma = 90°$, $\beta \neq 90°$

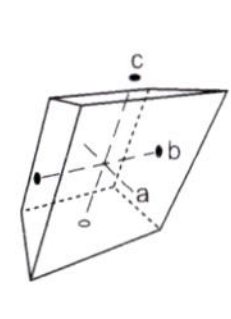
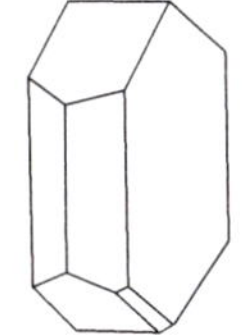

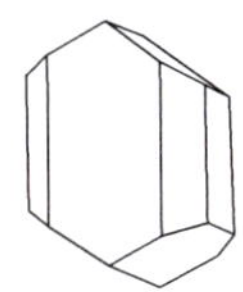

Triklines System

$a \neq b \neq c$

$\alpha \neq \beta \neq \gamma$

α= Winkel zwischen b und c

β= Winkel zwischen a und c

γ = Winkel zwischen a und b

■ **Abb. 2.1** Referenzachsen und kristallographische Parameter der sieben Kristallsysteme und einige Beispiele für jedes System. (Nach Hamilton et al. 1974; Markl 2004)

6-seitigen Querschnitt im hexagonalen System (z. B. Calcit, Dolomit, Hämatit, Korund, Quarz)

— **Monoklines System** – wie ein schiefes tetragonales System; zwei Achsen stehen senkrecht, die dritte schief (z. B. Augit, Epidot, Gips, Hornblende, Orthoklas)

- **Triklines System** – normalerweise nicht symmetrisch von einer Fläche bis zur anderen, weil alle drei Kristallachsen verschiedene Längen haben und gegeneinander geneigt sind (z. B. Mikroklin, Plagioklas)

2.1.2 Kristallform

Die charakteristische Form eines Kristalls kann sehr nützlich für die Identifikation von Mineralen sein, z. B. sind Granate oft körnig, Glimmer plattig/blättrig und Amphibole häufig nadelig bis stängelig. Manchmal wachsen zwei Kristalle desselben Minerals zusammen und bilden **Zwillinge** (◘ Abb. 2.2).

Bei der Identifikation von Mineralen in Gesteinsproben in Handgröße **(Handstück)** ist es besonders wichtig, die Anwesenheit von Kristallflächen zu erkennen. Anhand dieser können sie in drei Gruppen unterteilt werden:

- **Idiomorph** – Körner sind von Kristallflächen voll eingeschlossen
- **Hypidiomorph** – Körner sind von Kristallflächen teilweise eingeschlossen
- **Xenomorph** – Körner ohne jegliche erkennbare Kristallflächen

Weitere Eigenschaften, inklusive des Habitus, können nützlich sein für die präzise Identifikation von Mineralkörnern (◘ Abb. 2.3):

- **Körnig, kugelig** oder **spätig** – individuelle Kristalle sind grob equidimensional oder spheroidal, z. B. Fluorit.
- **Tafelig, plattig, blättrig** oder **schuppig** – die Kristalle haben zwei ähnlich lange und eine kürzere Dimension. Diese Form ist typisch für Kristalle mit einer geschichteten Atomverteilung (z. B. Glimmer und Chlorit).

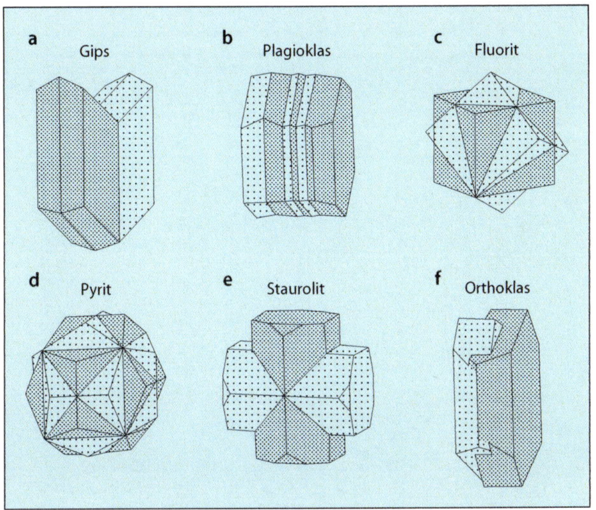

Abb. 2.2 Zwillingsformen in Mineralen. **a** Schwalbenschwanz in Gips, **b** lamellenartiger Albitzwilling in Plagioklas, **c** Durchdringungszwilling in Fluorit, **d** Druchdringungszwilling (Eisernes Kreuz) in Pyrit, **e** Durchdringungszwilling in Staurolith, **f** Karlsbader-Zwilling in Orthoklas. (Nach Wenk und Bulakh 2004)

- **Prismatisch, kurzsäulig, stänglig, nadelig** oder **faserig** – hier sind die Kristalle stabförmig. Typische Kristalle sind Turmalin und Topas (beide prismatisch), Rutil und Amphibol (beide stängelig) und Chrysotil (faserig).

Einige Minerale existieren auch als Kristallaggregate. Während die einzelnen Kristallformen in solchen Aggregaten vielleicht nicht differenzierbar sind, kann die Gestalt des Aggregats diagnostisch sein, z. B. **nierig-traubig** (z. B. Hämatit), **parallelfaserig** oder **radialstrahlig** (Abb. 2.4).

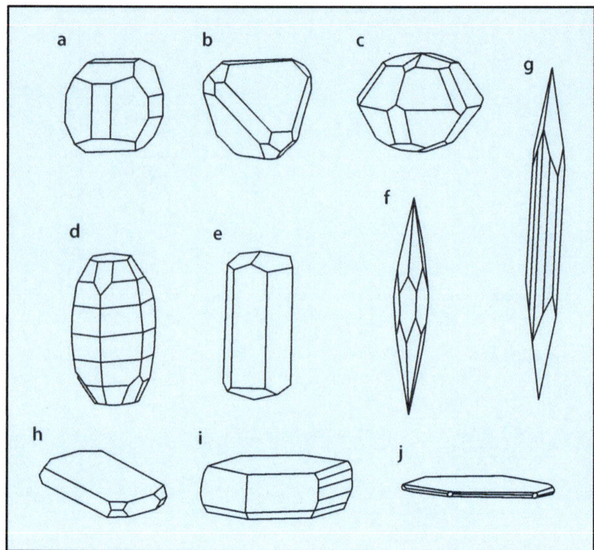

■ Abb. 2.3   Habitus der Kristalle: **a–c** körnig/isometrisch: **a** Pyrit mit Dodekaeder und Würfel, **b** Sphalerit mit dominierendem Tetraeder, **c** äquiaxialer Hämatit; **d–g** prismatisch: **d** tonnenförmiger Korund, **e** prismatischer Calcit, **f** stängeliger Hämatit, **g** stängeliger Stibnit; **h–j** tafelig: **h** tafeliger Orthoklas, **i** blättriger Muskovit, **j** blättriger Hämatit. (Nach Wenk und Bulakh 2004)

2.2 Mineralbestimmung

Die meisten Minerale sind eng miteinander im Gestein verbunden. Viele Gesteine, besonders die, die durch magmatische und metamorphe Prozesse entstehen, sind zur Zeit der Formung mehr oder weniger im chemischen Gleichgewicht. Deswegen stehen koexistierende Minerale oder Gruppen von Mineralen in

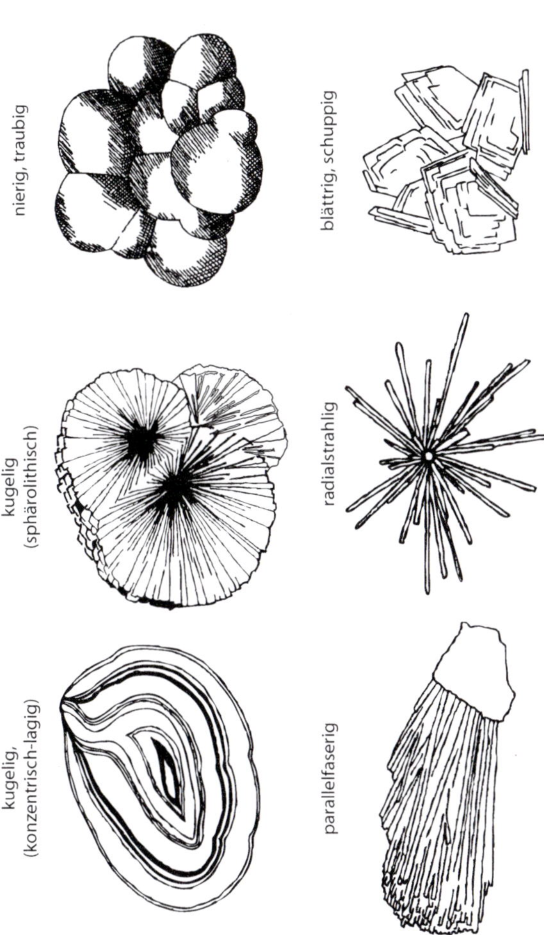

Abb. 2.4 Erscheinungsformen in Mineralaggregaten. (Nach Hamilton et al. 1974; Schumann 2007)

einem bestimmten chemischen Verhältnis zueinander. Folglich kann die Identität eines unbekannten Minerals teilweise durch das Vorhandensein eines anderen Minerals bestimmt werden (◻ Tab. 2.2).

◻ **Tab. 2.2**   Wichtige Minerale in magmatischen und metamorphen Gesteinen. (Nach Blatt et al. 2006)

Minerale in Magmatiten	Minerale in Metamorphiten
Siliciumdioxid	
Quarz	Quarz
Alkalifeldspat	
Sanidin, Orthoklas, Mikroklin	Sanidin, Orthoklas
Plagioklas-Feldspat	
Albit, Anorthit, Plagioklas	Albit, Anorthit, Plagioklas
Orthosilikate	
Olivin, Granat, Titanit, Epidot, Zirkon, Topas	Olivin, Granat, Staurolith, Chloritoid, Titanit, Epidot, Zirkon, Topas, Kyanit
Pyroxene	
Orthopyroxene, Klinopyroxene	Orthopyroxene, Klinopyroxene
Amphibole	
Hornblende	Hornblende
Schichtsilikate	
Muskovit, Biotit	Muskovit, Biotit, Chlorit, Serpentin

(Fortsetzung)

◘ Tab. 2.2 (Fortsetzung)

Minerale in Magmatiten	Minerale in Metamorphiten
Ringsilikate	
Turmalin, Cordierit	Turmalin, Cordierit
Oxide	
Spinell, Magnetit, Hämatit, Ilmenit	Spinell, Hämatit, Ilmenit
Sulfide	
Pyrit, Chalkopyrit	Pyrit, Chalkopyrit
Weitere nichtsilikatische Minerale	
	Apatit, Calcit, Magnesit, Dolomit, Diamant

Makroskopische Bestimmung von Mineralen im Gelände wird mit einfachem Handwerkzeug erledigt u. a. einer Lupe, einer Härteskala, einem Porzellantäfelchen (**Strich**), einem Magneten und verdünnter Salzsäure. Die Bestimmung eines Minerals fängt an mit der Klassifizierung des Glanzes – entweder **metallisch** oder **nichtmetallisch.** Der nächste Schritt ist, Minerale in jeder dieser Hauptgruppen (metallisch/nichtmetallisch) gemäß ihrer Härte und Farbe zu klassifizieren (◘ Abb. 2.5 und 2.6). Schließlich sollten andere diagnostische Eigenschaften verwendet werden, um die Identifikation zu bestätigen (◘ Abb. 2.7).

2.2.1 Optische Eigenschaften

Die optischen Eigenschaften eines Minerals sind abhängig von der Wechselwirkung des Lichts mit dem Mineral.

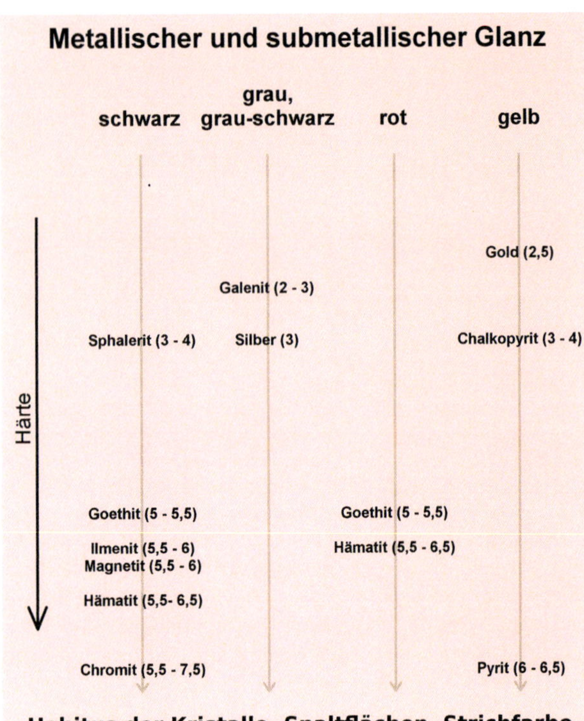

Abb. 2.5 Klassifizierung von Mineralen mit metallischem und submetallischem Glanz aufgrund ihrer Härte (in Klammern) und Farbe, mit Beispielen. (Nach Wenk und Bulakh 2004)

■ Glanz

Der Glanz eines Minerals wird bestimmt von der Menge des Lichts, die von der Oberfläche reflektiert wird, und kann variabel sein. Die Haupteinteilung, wie oben erwähnt, ist metallisch

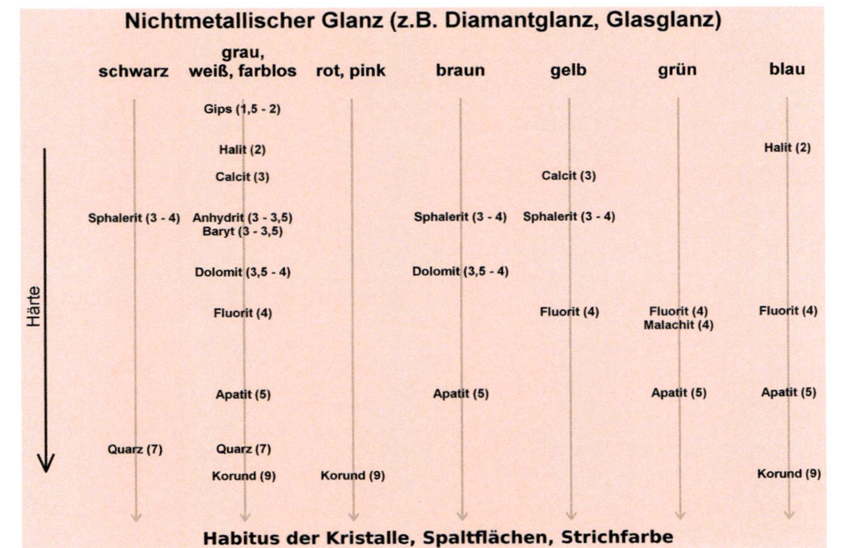

Abb. 2.6 Geländebestimmungsgang für Minerale. (Nach Markl 2004)

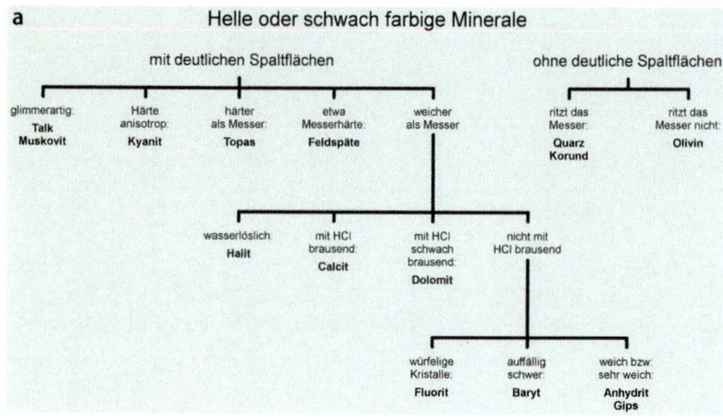

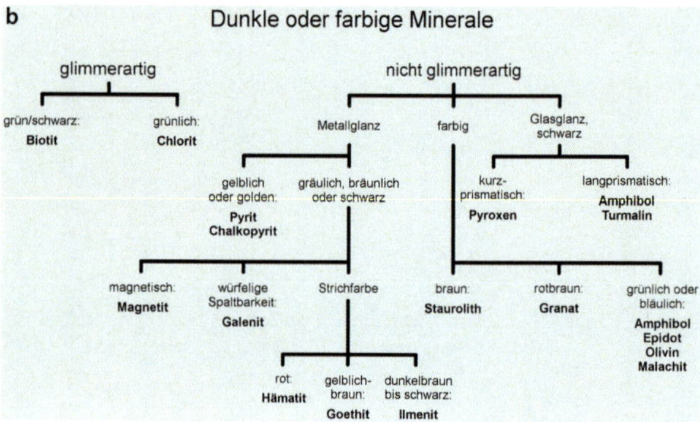

◖ Abb. 2.7   Geländebestimmungsgang für Minerale. (Nach Markl 2004)

(z. B. Quecksilber, Kupfer, Gold, Pyrit) oder nichtmetallisch. Der Glanz von nichtmetallischen Mineralen wird nach Beispielen aus dem täglichen Leben beschrieben:

- **Diamantglanz** – Zirkon, Sphalerit, Diamant
- **Wachsglanz/Fettglanz/Harzglanz** – Apatit, Nephelin, Halit, Gips, Talk

- **Glasglanz** – Quarz, Amphibol, Pyroxen, Olivin, Feldspat, Baryt, Anhydrit, Dolomit, Calcit, Kyanit, Epidot
- **Perlmuttglanz** – Gips
- **Seidenglanz** – Asbest
- **Erdig** – Goethit, Tonminerale, Hämatit, Chlorit

■ Durchsichtigkeit

Sie ist eine Funktion der atomaren Struktur eines Minerals, vor allem der Verbindung der Atome miteinander. Durchsichtigkeit ist ein Maß für den Betrag des Lichts, welches durch ein Mineral absorbiert wird. Minerale können folglich als **durchsichtig** (z. B. Kalzit, Chlorit, Korund), **durchscheinend** (z. B. Glimmer) oder **undurchsichtig** (z. B. Pyrit) klassifiziert werden.

■ Farbe

Die meisten Minerale können verschiedene Farben aufweisen (☐ Tab. 2.3). Zum Beispiel kann Granat rot, gelb, farblos und sogar Schwarz sein (tatsächlich findet man Granat in jeder Farbe außer Blau). Im Allgemeinen ist die Farbe allein eine unzureichende Identifikation zur eindeutigen Bestimmung eines Minerals.

■ Strichfarbe

Die Strichfarbe besteht aus pulverfeinem Abrieb des Minerals und kann eine charakteristische Farbe aufweisen (☐ Tab. 2.4). Sie ist vor allem nützlich für opake Erzminerale (z. B. Sulfide, Oxide), besonders solche mit metallischem oder submetallischem Glanz. Um die Strichfarbe zu sehen, reibt man einen Teil des Minerals auf einer Strichtafel (unglasiertes, weißes Porzellan). Die Farbe des erzeugten Abriebs nennt man Strichfarbe.

◻ Tab. 2.3 Farben bestimmter Minerale. (Nach Wenk und Bulakh 2004)

Minerale	Edelstein	Farbe
Fluorit		Violett und andere Farben
Halit		Meist farblos, Weiß, Blau, Gelb
Topas		Blau, Gelb
Korund	Rubin	Rot
	Saphir	Blau
Granat	Spessartin	Gelborange
	Almadin	Dunkelrot
Beryll	Smaragd	Dunkelgrün
	Aquamarin	Blaugrün
	Morganit	Pink bis Violett
Kyanit (Disthen)		Blau
Topas	Goldtopas	Gold
Turmalin	Rubellit	Rosa bis Rot
Quarz	Amethyst	Violett
	Citrin	Gelb
	Rosenquarz	Rosa
	Rauchquarz	Braun
	Tigerauge	Goldgelb
Olivin	Peridot	Grün
Türkis		Blau

◘ Tab. 2.4 Strichfarben bestimmter Minerale. (Nach Wenk und Bulakh 2004)

Strichfarbe	Minerale
Metallischer Strich	
Goldgelb	Gold
Silberweiß	Silber
Kupferrot	Kupfer
Nichtmetallischer Strich	
Schwarz	Graphit, Ilmenit, Magnetit
Grünschwarz	Chalkopyrit, Pyrit
Braunschwarz	Pyrit, Markasit
Grauschwarz	Bleiglanz, Markasit, Arsenopyrit (dunkel)
Grau	Graphit, Stibnit, Molybdänit, (blau bis grün)
Braun	Sphalerit (hell bis farblos), Rutil (hell)
Rotbraun	Hämatit, Manganit
Braungelb	Goethit
Rot	Hämatit (dunkel)
Grün	Malachit (hell)
Blau	Azurit (hell) Lazurit

2.2.2 Physikalische Eigenschaften

■ Härte

Die Härte eines Minerals steht eng im Zusammenhang mit der Struktur des Minerals – vor allem mit der Stabilität der chemischen Verbindungen zwischen den einzelnen Atomen/Ionen.

Die Härte wird mit der Mohs-Skala gemessen. Jedes Mineral kann die Minerale die unter ihm auf der Skala stehen kratzen:

1. Talk (weich)
2. Gips
3. Kalzit
4. Fluorit
5. Apatit
6. Feldspat
7. Quarz
8. Topas
9. Korund
10. Diamant (hart)

Minerale mit der Härte 1 fühlen sich seifig oder fettig an. Der Fingernagel hat eine Härte von circa 2,5. Eine Kupfermünze hat eine Härte von ca. 3. Ein Taschenmesser aus Stahl hat eine Härte von circa 5,5. Minerale mit einer Härte von >6 können Glas kratzen.

■ Spaltbarkeit & Bruch

Spaltbarkeit ist die Tendenz eines Minerals, entlang von bestimmten parallelen Ebenen im Kristallgitter zu brechen. Spaltbarkeit kann **perfekt** (Glimmer) oder **sehr vollkommen** (Calcit), **vollkommen** (Sphalerit), **gut/deutlich** (Gips) oder **schlecht/undeutlich/unvollkommen** (Cassiterit) sein. Einige Minerale können auch mehr als eine Spaltfläche haben und in solchen Fällen kann der Winkel zwischen den Spaltflächen auch von großer Wichtigkeit für die Mineralidentifikation sein (z. B. 90°-Winkel für Pyroxene, 124°/56° für Amphibole).

Brüche entstehen in Mineralen, die nur eine schlecht definierbare oder keine Spaltbarkeit zeigen. Sie neigen dazu auf, uneinheitlich orientierten Oberflächen zu brechen. Der Bruch kann **uneinheitlich** (Apatit), **muschelig** (d. h. glatte gebogene Oberflächen wie z. B. Quarz), oder **spröde/rau** sein. Bei Metallen kann der Bruch hakig sein, während faserige Minerale einen **splittrigen** oder **faserigen** Bruch haben können.

2.2.3 Andere Eigenschaften

Einige Minerale haben besondere magnetische, elektrische oder radioaktive Eigenschaften, die wichtig sein können, um die Minerale auseinanderzuhalten.

- **Gefühl**

Talk und Serpentin sind glitschig oder „seifig".

- **Geschmack**

Wasserlösliche Minerale haben einen eindeutigen Geschmack, wenn sie leicht auf der Zunge gerieben werden (z. B. Halit – salzig).

- **Magnetische Eigenschaften**

Einige Minerale (z. B. Magnetit) sind magnetisch.

2.3 Ausgewählte Minerale

2.3.1 Elemente

- **Gold, Au – kubisch**

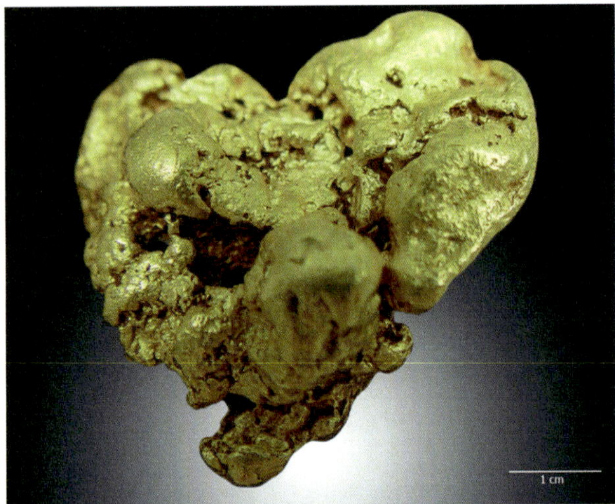

Gold (Nugget)

Habitus - Körner, derbe Massen oder Klumpen, dendritische Formen; selten Kristalle

Härte - 2,5–3

Spaltbarkeit - fehlt

Bruch - hakig, plastisch verformbar

Farbe/Transparenz - charakteristischer goldgelber Metallglanz, durch Ag-Gehalt heller; opak

Strich - goldgelb, metallglänzend

Glanz - metallisch

Bestimmungsmerkmale - Farbe, geringe Härte, Gold kann mit Pyrit oder Chalkopyrit verwechselt werden, unterscheidet sich jedoch stark durch seine Härte, Farbe und Plastizität

Vorkommen - hydrothermale Gänge, oft mit Quarz assoziiert, auch konzentriert in alluvialen Sedimenten (aufgrund der Dichte)

■ Silber, Ag – kubisch

Silber (Foto J. Burrow)

Habitus - draht-, haar- oder moosförmige bis dendritische Aggregate, Kristalle sind selten

Härte - 2,5–3

Spaltbarkeit - fehlt

Bruch - hakig, plastisch verformbar

Farbe/Transparenz - silberweiß, läuft schnell an und ist dann meistens gelblich bis bräunlich angelaufen durch Überzug von Silbersulfid; opak

Strichfarbe - silberweiß-gelblich, metallisch-glänzend

Glanz - Metallglanz

Bestimmungsmerkmale - Farbe, schwarze Oxidation, formbar

Vorkommen - hydrothermale Gänge

2.3.2 Sulfide

- **Galenit (Bleiglanz) PbS – kubisch**

Galenit

Habitus - oft Würfel oder Oktaeder, auch massig oder granular

Härte - 2,5–3

Spaltbarkeit - kubisch, perfekt, vollkommen

Farbe/Transparenz - bleigrau, gelegentlich matte Anlauffarben; opak

Strichfarbe - grauschwarz

Glanz - metallisch

Bestimmungsmerkmale - Farbe, metallischer Glanz, perfekte kubische Spaltbarkeit, hohe Dichte

Vorkommen - das wichtigste und häufigste Pb-Erzmineral

■ Sphalerit (Zinkblende), ZnS – kubisch

Sphalerit

Habitus - oft tetraedrisch oder rhombododekaedrisch, auch spätig, körnig, krustig

Härte - 3,5–4

Spaltbarkeit - perfekt, vollkommen, spröde

Bruch - muschelig

Farbe/Transparenz - oft gelb, braun bis rot, ölgrün oder schwarz; durchsichtig bis durchscheinend, niemals völlig opak

Strichfarbe - dunkelbraun bis gelblich

Glanz - Fettglanz, Diamantglanz besonders auf Spaltflächen

Bestimmungsmerkmale - Spaltbarkeit, Glanz und Farbe (meist gelb bis dunkelbraun, aber auch sehr variabel)

Vorkommen - wichtigstes Zn-Erzmetall

▪ Chalkopyrit, CuFeS$_2$ – tetragonal

Chalkopyrit

Habitus - Kristalle oft Tetraeder, auch massig

Zwillinge - verschiedene Arten, auch nach Spinellgesetz

Härte - 3,5–4

Spaltbarkeit - undeutlich, fehlt

Bruch - muschelig, uneben

Farbe/Transparenz - messinggelb, oft mit Grünstich; opak

Strichfarbe - grünschwarz

Glanz - metallisch

Bestimmungsmerkmale - Unterscheidung zu Pyrit durch Farbe und Härte, zu Gold durch Härte und natürliche Sprödheit

Vorkommen - wichtiges Cu-Erzmetall

■ Pyrit, Fe_2S – kubisch

Pyrit

Habitus - oft Würfel (mit Streifung), Pentagondodekaeder, Oktaeder oder Kombinationen; auch massig, knollig oder radialstrahlig

Härte - 6–6,5

Spaltbarkeit - undeutlich

Bruch - muschelig bis spröde

Farbe/Transparenz - messinggelb; opak

Strichfarbe - grünschwarz

Glanz - metallisch

Bestimmungsmerkmale - Unterscheidung zu Chalkopyrit durch Farbe und Härte, schwer von Markasit zu unterscheiden (Habitus, Farbe, Dichte)

Vorkommen - eigenständige Lagerstätten, oft in hydrothermalen Gängen, in sedimentären Gesteinen (Schwarzschiefer), in metamorphen Gesteinen (oft im Kontaktbereich), als Nebengemengteil in vielen Magmatiten und untergeordnet in sulfidischen Erzlagerstätten. Ersetzt oft Fossilien

2.3.3 Halogenide

■ Halit, NaCl – kubisch

Halit (Foto J. Burow)

Habitus - überwiegend als Würfel, auch in körnig-spätigen Aggregaten, gelegentlich faserig. Bisweilen Pseudomorphosen von Ton nach Halit

Härte - 2,0

Spaltbarkeit - kubisch, vollkommen

Bruch - muschelig

Farbe/Transparenz - farblos oder weiß, bisweilen auch gelb, grau, braunschwarz, rot und blau; durchsichtig bis durchscheinend

Strichfarbe - weiß

Glanz - Glasglanz

Bestimmungsmerkmale - wasserlöslich, kubische Spaltbarkeit, salziger Geschmack

Vorkommen - bildet einen Hauptbestandteil von Evaporiten, wechsellagernd mit Kalisalzen und Anhydrit bzw. Gipsgesteinen. Halit findet man auch als Ausblühungen in Steppen und Wüsten oder am Rand von Salzseen

■ Fluorit, CaF_2 – kubisch

Fluorit

Habitus - häufig Würfel, bisweilen kombiniert mit Tetrakishexaeder und Hexakisoktaeder, Zonarbau, auch spätige oder farbig gebänderte Aggregate

Härte - 4,0 (Standardmineral der Mohs-Skala)

Spaltbarkeit - vollkommen

Bruch - muschelig, spröde

Farbe/Transparenz - große Farbvariabilität, oft gelb, grün, violett, blau, purpurn, bisweilen farblos, pink, rot und schwarz; durchscheinend bis durchsichtig. Meist sind die Farben blass. Viele Fluorite zeigen im UV-Licht eine starke Fluoreszenz, bedingt durch den Eintritt von geringen Mengen an Seltenerdelementen in die Struktur anstelle des Ca^{2+}.

Strichfarbe - weiß

Glanz - Glasglanz

Bestimmungsmerkmale - würfeliger Habitus, Spaltbarkeit, Fluoreszenz

Vorkommen - in Magmatiten und Erzlagerstätten, auch als hydrothermale Gänge

2.3.4 Oxide & Hydroxide

- **Spinell-Gruppe – Spinell, $MgAl_2O_4$ – kubisch**

Spinell

Habitus - oft oktaedrisch, auch massig

Härte - 7,5–8

Spaltbarkeit - undeutlich

Bruch - muschelig, spröde

Farbe/Transparenz - variabel, häufig rot, aber auch blau, grün, braun, schwarz oder farblos; durchsichtig bis durchscheinend

Strichfarbe - weiß, aber auch grau oder braun

Glanz - Glasglanz

Bestimmungsmerkmale - Habitus, Zwillingsform, Härte. Ersetzung von Magnesiumatomen durch Eisen-, Zink- und Manganatomen führt zu Unterschieden in der Farbe und den physikalischen Eigenschaften

Vorkommen - überwiegend in Metamorphiten, in Karbonaten (metamorph geprägt) und in Schiefern, aber auch als Gemengteil in magmatischen Gesteinen (z. B. Gabbro). Der tiefrot gefärbte Spinell ist ein wertvoller Edelstein

■ Magnetit, Fe_3O_4 – kubisch

Magnetit

Habitus - oft Oktaeder oder Rhombendodekaeder, auch als derb-körniges Erz

Härte - 5,5–6,5

Spaltbarkeit - undeutlich

Bruch - muschelig, spröde

Farbe/Transparenz - schwarz; opak

Strichfarbe - schwarz

Glanz - metallisch, stumpfer Metallglanz

Bestimmungsmerkmale - Farbe, Strichfarbe, stark magnetisch

Vorkommen - als Differentiationsprodukt basischer Magmatite bildet es wichtige Eisenerzlagerstätten

■ Korund, Al_2O_3 – trigonal

Korund (Foto R. Schumacher)

Habitus - oft säulige, tafelige, tonnenförmige Kristalle, auch derbe, körnige Aggregate. Häufig treten verschieden steile Dipyramidenflächen gemeinsam auf

Härte - 9 (Standardmineral der Mohs-Skala)

Spaltbarkeit - keine

Bruch - uneben bis muschelig

Farbe/Transparenz - zwei Hauptarten: blau (Saphir, enthält Fe und Ti) und rot (Rubin, enthält Cr). Auch gelb, braun, grün oder farblos; durchscheinend bis durchsichtig

Strichfarbe - weiß

Glanz - Glasglanz, Diamantglanz

Bestimmungsmerkmale - Härte, Dichte, Habitus

Vorkommen - als Gemengteil in Magmatiten (besonders Pegmatiten) und als Produkt der Kontakt- und Regionalmetamorphose von Al-reichen Gesteinen (insbesondere in Bauxiten). Edle Varietäten in metamorphen Kalksteinen und Dolomiten, seltener auch in Gneisen. Detritisch in manchen alluvialen Sanden und Kiesen

■ Hämatit (Roteisenstein), Fe_2O_3 – trigonal

Hämatit

Habitus - tafelig oder Rhomboeder, manchmal gekrümmte Kristalle. Häufig in derben, körnigen, blättrig-schuppigen, radialstrahligen, dichten oder erdigen Aggregaten

Härte - 5,5–6,5

Spaltbarkeit - keine

Bruch - muschelig, spröde

Farbe/Transparenz - rot, stahlgrau bis schwarz, manchmal bunt anlaufend; opak

Strichfarbe - rot bis rotbraun

Glanz - Metallglanz, matt

Bestimmungsmerkmale - Strichfarbe, Härte

Vorkommen - als Hauptgemengteil in gebänderten Eisensteinen (z. B. Eisenoolith) und als Nebengemengteil in metamorphen Gesteinen

■ Ilmenit, $FeTiO_3$ – trigonal

Ilmenit

Habitus - tafelige oder rhomboedrische Kristalle, auch körnige Aggregate

Härte - 5–6

Spaltbarkeit - keine

Bruch - muschelig, spröde

Farbe/Transparenz - schwarz (violetten Stich); opak

Strichfarbe - schwarz bis rötlichbraun

Glanz - Metallglanz auf frischem Bruch, sonst matt

Bestimmungsmerkmale - Strichfarbe, nicht magnetisch

Vorkommen - häufig als Gemengteil in Magmatiten (Gabbro, Diorit), in Quarzgängen und manchen Gneisen. Sekundär als Ilmenitsand an zahlreichen Meeresküsten

Goethit, FeO(OH) – orthorhombisch

Goethit

Habitus - selten Kristalle (prismatisch, nadelförmig), häufig kugelig-strahlige Aggregate, bisweilen derb, dicht, pulvrig. Als Pseudomorphose verschiedener Eisenminerale

Härte - 5–5,5

Spaltbarkeit - vollkommen

Bruch - uneben, spröde

Farbe/Transparenz - schwarz, braun, gelblich; durchscheinend bis undurchsichtig

Strichfarbe - braun, gelblich

Glanz - Diamantglanz, Seidenglanz, matt

Bestimmungsmerkmale - Farbe, Strichfarbe

Vorkommen - sekundäre Entstehung durch die Oxidierung/Verwitterung von eisenhaltigen Mineralen (z. B. Pyrit, Magnetit). Ersetzt verschiedene Minerale (z. B. Pseudomorphosen nach Pyrit)

2.3.5 Karbonate

- **Calcit (Kalkspat), $CaCO_3$ – trigonal**

Calcit

Habitus - sehr formenreich. Oft tafelig, prismatische Kristalle (Rhomboeder, Prismen, Skalenoeder), auch als körnige, stänglige, fasrige, erdige oder stalaktitische Aggregate

Härte - 3

Spaltbarkeit - vollkommen, Doppelbrechung

Bruch - muschelig, spröde

Farbe/Transparenz - meist farblos, milchig-weiß, auch grau, gelb, grün, rot, purpurn, blau, bis zu braun und schwarz; durchsichtig bis durchscheinend

Strichfarbe - weiß

Glanz - Glasglanz

Bestimmungsmerkmale - Spaltbarkeit, Härte, Calcit löst sich leicht in kalter verdünnter Salzsäure unter heftigem Brausen

Vorkommen - Eines der verbreitetsten Minerale und überwiegend sedimentär gebildet. Hauptgemengteil der Kalksteine und Mergel. Auch als metamorphes Gestein (Marmor) oder primär magmatischer Bildung (Karbonatite)

Dolomit, CaMg(CO₃)₂ – trigonal

Dolomit, $CaMg(CO_3)_2$ – trigonal

Dolomit

Habitus - oft Rhomboeder, häufig gekrümmte Kristalle. Auch massige, körnige, stängelige Aggregate

Härte - 3,5–4

Spaltbarkeit - vollkommen

Bruch - muschlig, spröde

Farbe/Transparenz - oft weiß, bisweilen farblos, pink, gelblich bis bräunlich, manchmal pink; durchsichtig bis durchscheinend

Strichfarbe - weiß

Glanz - Glasglanz

Bestimmungsmerkmale - wie Calcit, aber schäumt erst in Pulverform in kalter verdünnter Salzsäure

Vorkommen - oft ein diagenetisches Produkt (Ersetzung von Ca durch Mg)

■ Malachit, $Cu_2CO_3(OH)_2$ – monoklin

Malachit

Habitus - selten Kristalle, gebändert oder radialstrahlig

Härte - 3,5–4

Spaltbarkeit - vollkommen

Bruch - muschlig, spröde

Farbe/Transparenz - hellgrün; durchsichtig bis durchscheinend

Strichfarbe - hellgrün

Glanz - Glasglanz, Seidenglanz

Bestimmungsmerkmale - Farbe, nieriger Habitus, schäumt mit Salzsäure

Vorkommen - Oxidationszone von Kupferlagerstätten

2.3.6 Sulfate

▪ Baryt (Schwerspat), $BaSO_4$ – orthorhombisch

Baryt (mit Fluorit)

Habitus - tafelig, bisweilen prismatisch, auch faserig. Aggregate blättrig, spätig oder stalaktitisch

Härte - 2,5–3,5

Spaltbarkeit - vollkommen

Bruch - uneben, muschelig

Farbe/Transparenz - farblos bis weiß, oft gelblich, bräunlich, bläulich, grünlich oder rötlich; durchsichtig bis durchscheinend

Strichfarbe - weiß

Glanz - Glasglanz

Bestimmungsmerkmale - hohe dichte, Habitus, Spaltbarkeit

Vorkommen - als Kluftfüllung oder Gangmineral assoziiert mit Blei-, Kupfer-, Silber-, Zink-, Eisen- oder Nickelerzen. Besonders hohe Dichte

■ Anhydrit, CaSO$_4$ – orthorhombisch

Anhydrit

Habitus - selten Kristalle, tafelig, massig, faserig

Härte - 3–3,5

Spaltbarkeit - vollkommen

Bruch - uneben

Farbe/Transparenz - farblos bis weiß, oft bläulich, bisweilen grau oder rötlich; durchsichtig bis durchscheinend

Strichfarbe - weiß

Glanz - Glasglanz, Perlmuttglanz

Bestimmungsmerkmale - Spaltbarkeit (3 Flächen, 90°), Härte, Dichte

Vorkommen - abgelagert direkt aus dem Meereswasser (Temperatur >42 °C) oder durch Entwässerung von Gips

■ Gips, CaSO$_4$.2H$_2$O – monoklin

Gips

Habitus - tafelige Kristalle, oft gekrümmt, auch faserig, massig, körnig

Härte - 2

Spaltbarkeit - vollkommen

Farbe/Transparenz - farblos bis weiß, bisweilen gelblich, gräulich, rötlich und bräunlich; durchsichtig bis durchscheinend

Strichfarbe - weiß

Glanz - Glasglanz, Perlmuttglanz, Seidenglanz

Bestimmungsmerkmale - Härte, Spaltbarkeit, Schwalbenschwanzzwillinge

Vorkommen - in Salzlagerstätten – wegen niedriger Löslichkeit fällt es zuerst aus verdunstendem Meereswasser aus (danach kommt Anhydrit, später Halit). Viel Gips entsteht durch die sekundäre Hydratation von Anhydrit

2.3.7 Phosphate

- **Apatit, $Ca_5(F, Cl, OH)|(PO_4)_3$ – hexagonal**

Apatit

Habitus - oft säulig oder tafelig, auch als körnige, faserige oder strahlige Aggregate

Härte - 5

Spaltbarkeit - undeutlich

Bruch - muschelig, uneben

Farbe/Transparenz - oft grün bis graugrün, auch weiß, braun, gelb, bläulich oder rötlich; durchsichtig bis durchscheinend

Strichfarbe - weiß

Glanz - Glasglanz, Fettglanz

Bestimmungsmerkmale - Habitus, Härte

Vorkommen - als Gemengteil in vielen magmatischen Gesteinen, auch in hochtemperierten hydrothermalen Gängen und in regional- oder kontaktmetamorphen Gesteinen. Apatit ist ein Hauptbestandteil von Knochen und anderem organischen Material

2.3.8 Silikate

Inselsilikate

- Olivin, $(Mg, Fe)_2SiO_4$ – orthorhombisch

Olivin

Ein Mischkristall mit verschiedenen Zusammensetzungen, von Forsterit (Mg_2SiO_4) bis Fayalit (Fe_2SiO_4)

Habitus - meist als isolierte Kristalle (prismatisch, dicktafelig) in magmatischen Gesteinen, oder als körnige Aggregate

Härte - 6,5–7

Spaltbarkeit - undeutlich

Bruch - muschelig

Farbe/Transparenz - grün, manchmal gelblich (in Basalten eigentlich immer) oder bräunlich bis schwarz, rötlich wenn oxidiert; durchsichtig bis durchscheinend

Strichfarbe - weiß

Glanz - Glasglanz

Bestimmungsmerkmale - Farbe (olivingrün), Bruch. Weil Olivin ein Mischkristall ist (mit verschiedenen Anteilen von Mg oder Fe), können die physikalischen Eigenschaften auch variieren

Vorkommen - ein Gemengteil in Si-armen magmatischen Gesteinen (Basalt, Gabbro, Peridotit). Dunit ist ein Gestein, das fast zu 100 % aus Olivin besteht. Olivin ist eine häufige Komponente in Pallasiten (Stein-Eisen-Meteorite), in manchen Steinmeteoriten und auch in Mondbasalt

- **Granat-Gruppe, $X_3Y_2Si_3O_{12}$ (X = Ca, Mn, Mg oder Fe^{2+}; Y = Al, Cr oder Fe^{3+}) – kubisch**

Granat

Natürliche Granate sind oft Mischungen folgender Endglieder:
- Pyrop-Almandin-Spassartin-Gruppe:
    - Pyrop $Mg_3Al_2Si_3O_{12}$;
    - Almandin $Fe_3Al_2Si_3O_{12}$;
    - Spessartin $Mn_3Al_2Si_3O_{12}$
- Grossular-Uwarowit-Andradit-Gruppe:
    - Grossular $Ca_3Al_2Si_3O_{12}$;
    - Uwarowit $Ca_3Cr_2Si_3O_{12}$;
    - Andradit $Ca_3Fe_2Si_3O_{12}$.

Innerhalb jeder Gruppe gibt es kontinuierliche atomare Substitution, jedoch nicht zwischen den Gruppen.

Habitus - oft Rhombendodekaeder oder Ikositetraeder (oder Kombination beider), auch derbe oder körnige Aggregate

Härte - 6–7,5

Spaltbarkeit - undeutlich

Bruch - muschelig, spröde, splittrig

Farbe/Transparenz - variiert mit Komposition, dunkelrot, braun bis schwarz (Pyrop, Almandin und Spessartin), grün (Uwarowit), braun, hellgrün, weiß (Grossular), gelb, braun, schwarz (Andradit); durchsichtig bis durchscheinend

Strichfarbe - weiß

Glanz - Glasglanz, Harzglanz

Bestimmungsmerkmale - Härte, Habitus

Vorkommen - in metamorphen und manchen magmatischen Gesteinen. Auch häufig in Sanden (Strand, Fluss)

■ Kyanit (Disthen), Al_2SiO_5 – triklin

Kyanit

Habitus - linealartige, säulige Kristalle, oft quergestreift, auch radial-strahlige Aggregate

Härte - 5,5–7 (Härte ist variabel, 5,5 entlang der Kristalle, und 6–7 quer zum Kristall)

Spaltbarkeit - vollkommen

Farbe/Transparenz - blau bis weiß, auch grau oder grün (Farbe ist oft ungleichmäßig, am dunkelsten im Zentrum des Kristalls); durchsichtig bis durchscheinend

Glanz - Glasglanz, manchmal Perlmuttglanz

Bestimmungsmerkmale - Farbe, Habitus, Spaltbarkeit, Härte

Vorkommen - in Metamorphiten (Regionalmetamorphose), typisch in Gneis und Schiefer. Assoziiert mit Granat, Staurolith, Glimmer und Quarz. Auch in Pegmatiten und Quarzgängen

- **Topas, $Al_2SiO_4(OH,F)_2$ – orthorhombisch**

Topas

Habitus - prismatische Kristalle, oft gestreift, auch körnige Aggregate

Härte - 8

Spaltbarkeit - undeutlich

Bruch - muschelig, uneben

Farbe/Transparenz - farblos, auch hellgelb, hellblau, grünlich und pink; durchsichtig bis durchscheinend

Strichfarbe - weiß

Glanz - Glasglanz

Bestimmungsmerkmale - Habitus, Härte, Spaltbarkeit, Dichte

Vorkommen - in sauren Magmatiten (Pegmatite, Rhyolithe) und Quarzgängen

- Staurolith, $(Fe, Mg)_2(Al,Fe)xSi_4O_{20}(O,OH)_2$ – monoklin, pseudo-orthorhombisch

Staurolith

Habitus - Kristalle prismatisch, langsäulige, seltene Aggregate

Härte - 7–7,5

Spaltbarkeit - gut

Bruch - muschelig, uneben, spröde

Farbe/Transparenz - rotbraun bis braunschwarz; durchscheinend bis fast opak

Strichfarbe - weiß

Glanz - Glasglanz, Harzglanz

Bestimmungsmerkmale - Farbe, Habitus (besonders mit Durchkreuzungszwillingen)

Vorkommen - in metamorphen Gesteinen (Schiefer, Gneis)

Gruppensilikate

Epidot-Gruppe

Allgemeine Formel ist $X_2Y_3Si_3O_{12}(OH)$, wobei X häufig Ca und Y normalerweise Al und Fe^{3+} ist, teilersetzt durch Mg und Fe^{2+} in manchen Formen.

- **Zoisit, $Ca_2Al_2Si_2O_{12}(OH)$ – orthorhombisch**

Habitus - Kristalle prismatisch, auch derb-strahlige Aggregate

Härte - 6

Spaltbarkeit - vollkommen

Bruch - uneben

Farbe/Transparenz - grau, gelblich, bisweilen rosa, blau, hellgrün oder braun; durchsichtig bis durchscheinend

Strichfarbe - weiß

Glanz - Glasglanz, Perlmuttglanz

Bestimmungsmerkmale - Farbe, Spaltbarkeit

Vorkommen - in Schiefer und Gneis, auch in metasomatischen Gesteinen

■ Klinozoisit, $Ca_2Al_3Si_3O_{12}(OH)$ und Epidot, $Ca_2(Al,Fe)_3Si_3O_{12}(OH)$ – monoklin

Epidot (Skala: 2 cm)

Habitus - prismatisch, oft gestreift, auch derbe, körnige oder strahlige Aggregate

Härte - 6–7

Spaltbarkeit - vollkommen

Bruch - uneben, splittrig, muschelig

Farbe/Transparenz - grüngrau (Klinozoisit), gelbgrün bis schwarz (Epidot); durchscheinend bis fast opak

Strichfarbe - grau

Glanz - Glasglanz

Bestimmungsmerkmale - Farbe, Habitus

Vorkommen - als Gemengteil in mittel- bis niedriggradigen Metamorphiten. Auch in durch Kontaktmetamorphose geprägten Kalksteinen

Ringsilikate

- Turmalin-Gruppe, $(Ca, Na, K)(Li, Mg, Fe^{2+}, Mn^{2+}, Al, Cr^{3+}, V^{3+}, Fe^{3+}, Ti^{4+})_3(Mg, Al, Fe^{3+}, V^{3+}, Cr^{3+})_6((Oh)_4|(BO_3)_3|(Si_8O_{18})) -$ trigonal

Quarz mit Turmalin

Habitus - Kristalle oft langgestreckt mit vertikaler Streifung, oft dreieckiger Querschnitt, auch parallele oder stängelige Aggregate, teilweise massiv

Härte - 7–7,5

Spaltbarkeit - undeutlich

Bruch - muschelig, spröde

Farbe/Transparenz - stark variabel (wegen Zusammensetzung) aber normalerweise schwarz/blauschwarz, auch farblos, blau, pink oder grün; durchsichtig bis fast opak

Strichfarbe - weiß

Glanz - Glasglanz

Bestimmungsmerkmale - Habitus, Streifung, Farbe, Querschnitt

Vorkommen - als Gemengteil in sauren Magmatiten (Granit, Pegmatit), auch in Metamorphiten (Schiefer, Gneis)

Ketten- & Doppelkettensilikate

Pyroxen-Gruppe

Die allgemeine Formel ist $X_2Si_2O_6$, wobei X oft Mg, Fe, Mn, Li, Ti, Al, Ca oder Na ist. Die häufigsten Pyroxene sind Ca-, Mg-, oder Fe-Silikate, mit zwei Hauptgruppen – die Orthopyroxene sind orthorhombisch und haben wenig Ca, während die Klinopyroxene monoklin sind und entweder Ca oder Na, Al, Fe^{3+}, Li beinhalten.

■ Orthopyroxene – orthorhombisch

Hypersthen

- Enstatit, $MgSiO_3$
- Hypersthen, $(Mg,Fe)SiO_3$

Habitus - prismatische, säulige Kristalle, häufig als körnige Aggregate

Härte - 5–6

Spaltbarkeit - gut

Bruch - uneben, spröde

Farbe/Transparenz - grau, hellgrün, bräunlich, farblos (Enstatit), dunkelbraun, rötlich, grünschwarz (Hypersthen); durchsichtig bis durchscheinend

Strichfarbe - weiß (Enstatit), weiß bis grau (Hypersthen)

Glanz - Glasglanz (bis Metallglanz, Hypersthen)

Bestimmungsmerkmale - Spaltbarkeit (2 Flächen mit 90°-Winkel), Farbe

Vorkommen - als Gemengteil in Magmatiten (Gabbro, Pyroxenit), auch in Vulkaniten (Andesit) und Gesteinsmeteoriten

- **Klinopyroxene – monoklin**
  - Diopsid-Hedenbergit-Serie *(diopside-hedenbergite series)*, $Ca(Mg,Fe)Si_2O_6$
  - Augit, $(Ca,Mg,Fe,Ti,Al)(Al,Si)_2O_6$

Habitus - prismatisch, tafelig, säulig (4- oder 8-eckiger Umriss), auch körnige Aggregate

Härte - 5,5–6,5

Spaltbarkeit - gut

Bruch - uneben, spröde

Farbe/Transparenz - grauweiß bis hellgrün (Diopsid), dunkelgrün bis schwarz (Augit), durchsichtig bis durchscheinend

Strichfarbe - weiß (Diopsid), graugrün (Augit)

Glanz - Glasglanz

Bestimmungsmerkmale - Spaltbarkeit (2 Flächen mit 90°-Winkel)

Vorkommen - als Gemengteil in Magmatiten und Metamorphiten, Augit meist als Gemengteil in magmatischen Gesteinen, vorwiegend in Vulkaniten (Basalt, Gabbro, Pyroxenit), Diopsid-Hedenbergit meist als Gemengteil in metamorphen Gesteinen

Amphibol-Gruppe

- **Hornblende, $(Na, K)_{0-1}$**
  $(Ca,Na)_2(Mg,Fe,Al)_5(Si,Al)_8O_{22}(OH)_2$ – monoklin

Hornblende

Habitus - kurz- oder langsäulige Kristalle (manchmal 6-seitiger Umriss), auch körnige, faserige oder stänglige Aggregate

Härte - 5–6

Spaltbarkeit - vollkommen

Bruch - uneben, spröde

Farbe/Transparenz - hell- bis dunkelgrün, auch fast schwarz (manchmal schwarzbraun); durchscheinend bis fast opak

Strichfarbe - graugrün, graubraun

Glanz - Glasglanz

Bestimmungsmerkmale - Spaltbarkeit (2 Flächen mit 120°-Winkel)

Vorkommen - als Gemengteil in vielen Magmatiten (Granodiorit, Diorit, Syenit, Gabbro und die dazugehörigen Vulkanite), aber auch in mittelgradigen Metamorphiten, die durch Regionalmetamorphose entstanden sind. Besonders charakteristisch für Amphibolite

Schichtsilikate

- **Talk, $Mg_3Si_4O_{10}(OH)_2$ – monoklin**

Talk

Habitus - selten Kristalle, häufig körnige, schuppige, blättrige Aggregate

Härte - 1

Spaltbarkeit - vollkommen

Farbe/Transparenz - weiß, grau oder hellgrün, manchmal gelblich, rötlich; durchscheinend

Strichfarbe - weiß bis hellgrün

Glanz - Perlmuttglanz, Fettglanz

Bestimmungsmerkmale - Härte (fettiges Gefühl), Farbe

Vorkommen - sekundär nach Alterierung von Olivin, Pyroxen und Amphibol. Als Kluftfüllung in Mg-reichen Gesteinen. Auch in Schiefer (niedrig- bis mittelgradig) oder Kalkstein und Dolomit

Glimmer-Gruppe

Es gibt zwei Hauptgruppen von Glimmer: Eine Gruppe reich an Fe und Mg (Dunkelglimmer) und eine reich an Al (Hellglimmer).

◼ Muskovit, $KAl_2(AlSi_3O_{10})(OH,F)_2$ – monoklin, pseudo-hexagonal

Muscovit

Habitus - tafelige, plattige Kristalle (hexagonale Umrisse), auch blättrige Aggregate

Härte - 2,5–3

Spaltbarkeit - vollkommen (individuelle Blätter sind flexibel und elastisch)

Farbe/Transparenz - farblos bis hellgrau, grün oder braun; durchsichtig bis durchscheinend

Strichfarbe - weiß

Glanz - Glasglanz, Perlmuttglanz

Bestimmungsmerkmale - Spaltbarkeit, Farbe

Vorkommen - ein häufiges Gemengteil in magmatischen Gesteinen (Granit, Pegmatit) und Metamorphiten (Schiefer, Gneis). Auch sekundär als Alterationsprodukt (Serizit)

- ### (Phlogopit)-Biotit-Serie

- Phlogopit, $KMg_3AlSi_3O_{10}(OH,F)_2$ – monoklin
- Biotit, $K(Mg,Fe)_3AlSi_3O_{10}(OH,F)_2$ – monoklin

Biotit

Habitus - tafelig oder kurzprismatisch (hexagonaler Umriss), auch blättrige, schuppige Aggregate

Härte - 2–3

Spaltbarkeit - vollkommen

Farbe/Transparenz - gelblich bis rotbraun, grün (Phlogopit), schwarz, schwarzbraun, dunkelgrün (Biotit); durchsichtig bis durchscheinend

Strichfarbe - weiß

Glanz - Glasglanz, Metallglanz, Perlmuttglanz

Bestimmungsmerkmale - Spaltbarkeit

Vorkommen - als Gemengteil in Metamorphiten, Mg-reichen Magmatiten und Kimberliten (Phlogopit). Biotit ist häufig als Gemengteil in Graniten, Syeniten, Dioriten und deren vulkanischen Äquivalenten und in manchen Metamorphiten (Schiefer, Gneis)

Chlorit-Gruppe, $(Mg,Fe,Al)_6(Si,Al)_4O_{10}(OH)_8$ – monoklin

Ein Sammelname für eine Gruppe ähnlich zusammengesetzter Minerale.

Chlorit

Habitus - pseudo-hexagonale tonnenförmige Kristalle, erdige, schuppige oder plattige Aggregate

Härte - 2–3

Spaltbarkeit - vollkommen (individuelle Schuppen sind flexibel, aber nicht elastisch)

Farbe/Transparenz - grün, gelb, rot, braun, schwarz; durchscheinend

Strichfarbe - graugrün, braun

Glanz - Glasglanz, matt

Bestimmungsmerkmale - Farbe, Spaltbarkeit (nicht elastisch)

Vorkommen - in Metamorphiten (Chloritschiefer) oder als Alterationsprodukt vieler Minerale (Pyroxene, Amphibole, Glimmer) in Magmatiten. Auch als Mandeln in Vulkaniten oder in Sedimenten

Gerüstsilikate

- **Quarz, SiO_2 – trigonal**

Quarz: **a** Bergkristall, **b** Rauchquarz

Quarz: **a** Bergkristall, **b** Rauchquarz

Habitus - Kristalle sind meist prismatisch; die Prismen sind meist hexagonal (mit Streifung)

Härte - 7

Spaltbarkeit - fehlt

Bruch - muschelig

Farbe/Transparenz - reiner Quarz ist farblos; die wichtigsten gefärbten Varietäten sind unten aufgeführt; durchsichtig bis durchscheinend

Glanz - Glasglanz

Varietäten des Tiefquarzes - Es gibt viele Varietäten, die nach Farbe, Ausbildung, Transparenz und anderen Eigenschaften unterschieden werden: Bergkristall (farblos, wasserklar, durchsichtig), Rauchquarz (rauchbraun, durchsichtig bis durchscheinend), Citrin (zitronengelb, durchsichtig bis durchscheinend), Amethyst (violett durchscheinend, bisweilen violette Farbe fleckig-trüb, auch mit zonarer oder streifiger Farbverteilung) und Rosenquarz (rosarot durchscheinend bis kantendurchscheinend und milchig-trüb)

Bestimmungsmerkmale - Kristallform, muscheliger Bruch, Glasglanz und Härte

Vorkommen - Quarz ist ein häufiges Mineral in vielen magmatischen und metamorphen Gesteinen, besonders Granit und Gneis, aber auch in klastischen Sedimenten. Auch ein häufiges Gangmineral

■ Chalcedon, SiO_2 – trigonal

Habitus - Aggregate, radialstrahlig, stalaktitisch oder wulstig-traubige Formen

Härte - 6,5

Spaltbarkeit - fehlt

Bruch - muschelig

Farbe/Transparenz - weiß bis grau, rot, braun oder schwarz; durchsichtig bis durchscheinend

Glanz - Glasglanz bis Wachsglanz

Varietäten des Chalcedon - Die Varietäten unterscheiden sich nach Farbe, Ausbildung, Transparenz und anderen Eigenschaften, z. B. Chalcedon (meist bläulich gefärbt, dichtfaserig), Karneol (pink), Achat (rhythmisch und feinschichtig gebändert), Onyx (schwarzweiß gebändert), Jaspis (undurchsichtiger, intensiv gefärbter Chalcedon, meist braun, rot, gelb oder grün)

Bestimmungsmerkmale - Habitus, muscheliger Bruch, Härte

Vorkommen - Chalcedon ist eine kompakte Art von Quarz, mit feinen (krypto- bis mikrokristallinen) Kristallen. Im sedimentär-diagenetischen Bereich tritt Chalcedon (bzw. Jaspis) neben oder anstelle Opal als Material von kieseligen Konkretionen (Feuerstein) auf, ferner als Einkieselungssubstanz von ursprünglich kalkigen Fossilien und von fossilen Hölzern (Holzstein)

▪ Opal, $SiO_2 \, n \, H_2O$ – amorph

Habitus - massig, oft massive, stalaktitische, traubenförmige und runde Formen, auch als Adern

Härte - 5,5–6,5

Spaltbarkeit - fehlt

Bruch - muschelig

Farbe/Transparenz - variabel, von wasserklar farblos über milchig-weiß, grau, rot, braun, blau, grün bis fast schwarz, oder in blassen Farben; durchsichtig bis milchig-durchscheinend. Edle Opale zeigen ein lebhaftes Farbenspiel (Opalisieren)

Glanz - Glasglanz/Wachsglanz

Varietäten - Opal ist in variablem Ausmaß wasserhaltiges SiO_2 (ca. 6–10 % H_2O bei Edelsteinqualität).

Bestimmungsmerkmale - Form, Dichte

Vorkommen - abgelagert von SiO_2-reichen Wässern in Gängen, häufig neben Geysiren oder heißen Quellen. Opal bildet auch das Skelett von vielen Organismen (z. B. Radiolaria, Diatomeen, Schwämme), ihre Ablagerungen können Opal-reiche Sedimente bilden (z. B. Diatomit)

Feldspat-Gruppe

Feldspäte sind die häufigsten Minerale in der Erdkruste (>60 %), besonders in metamorphen und magmatischen Gesteinen. Sie haben die Komposition $XAl(Si, Al)Si_2O_8$, wobei $X = K$, Na, Ca, Br und Sr. Durch diese Variabilität in der Komposition gibt es Variationen in der Kristallform und den Eigenschaften.

- **Alkalifeldspäte $(K, Na)AlSi_3O_8$: Sanidin, monoklin; Orthoklas, monoklin; Mikroklin, triklin**

Orthoklas

Sanidin

Habitus - Sanidinkristalle sind oft tafelig oder prismatisch. Ortho-klaskristalle und Mikroline sind bisweilen prismatisch, manchmal mit einer rechteckigen Form

Härte - 6,0–6,5

Spaltbarkeit - vollkommen (2 perfekte)

Bruch - muschelig bis uneben

Farbe/Transparenz - Sanidin ist farblos bis grau; durchscheinend bis durchsichtig. Orthoklas ist weiß bis pink, bisweilen rot; Mikroklin ist ähnlich, beide sind durchscheinend bis wenig durchsichtig

Glanz - Glasglanz, perlmuttartig parallel zu Spaltbarkeit

Bestimmungsmerkmale - Farbe, Spaltbarkeit und Härte unter-scheiden Orthoklas und Mikroklin von anderen Mineralen, aber es ist schwer, sie untereinander zu unterscheiden. Sanidin kann man basierend auf der Durchsichtigkeit, dem tafeligen Habitus und dem Vorkommen unterscheiden. Karlsbader Zwillinge in Orthoklas, aber auch bei Sanidin

Vorkommen - Orthoklas ist der häufigste Kalifeldspat in magma-tischen und metamorphen Gesteinen. Mikroklin ist verbreitet in metamorphen Gesteinen und in Graniten, Granit-Pegmatiten und hydrothermalen Gängen. Sanidin ist die Hochtemperaturform von

$KAlSi_3O_8$ und tritt häufig in Form von Einsprenglingen in frisch aussehenden, relativ jungen vulkanischen Gesteinen (Rhyolith, Trachyt) und deren Tuffen auf

■ Plagioklas-Reihe $NaAlSi_3O_8$-$CaAl_2Si_2O_8$ – Plagioklas, triklin

Plagioklas

Habitus - tafelig oder prismatisch, auch massig

Härte - 6,0–6,5

Spaltbarkeit - vollkommen (2 gute)

Bruch - uneben, muschelig

Farbe/Transparenz - weiß, bisweilen pink, grünlich, bräunlich; durchsichtig bis durchscheinend

Glanz - Glasglanz, perlmuttartig parallel zur Spaltbarkeit

Bestimmungsmerkmale - Zwillingslamellierung ist ausgeprägt auf Spaltbarkeitsflächen. Labradorit zeigt oft spektakuläre blaue/grüne Farben auf der Spaltfläche

Vorkommen - häufig Gemengeminerale in magmatischen und metamorphen Gesteinen, aber auch detritisch in Sedimentgesteinen

Feldspathoid-/Foid-Gruppe

Chemisch verwandt mit den Feldspäten, aber mit einem niedrigeren SiO_2-Gehalt.

- **Leucit, $KAlSi_2O_6$ – normalerweise tetragonal (pseudo-kubisch); kubisch >625 °C**

Leucit

Habitus - gewöhnlich Ikositetraeder, auch körnige Aggregate

Härte - 5,5–6

Spaltbarkeit - keine

Bruch - muschelig, spröde

Farbe/Transparenz - weiß, grau; durchscheinend

Strichfarbe - weiß

Glanz - Glasglanz, matt

Bestimmungsmerkmale - Habitus

Vorkommen - Leucit ist instabil unter Hochdruckbedingungen und ist nie in Verbindung mit Quarz zu finden. Dadurch ist das Vorkommen begrenzt. Typisch in K-reichen, Si-armen Vulkaniten (Trachyte). Manchmal alteriert zu Pseudoleucit, eine Mischung aus Orthoklas und Nephelin

■ Nephelin, $NaAlSiO_4$ – hexagonal

Nephelin

Habitus - kurzsäulige Kristalle (gewöhnlich 6-seitiger Umriss), auch körnige, derbe Aggregate

Härte - 5,5–6

Spaltbarkeit - undeutlich

Bruch - muschelig, uneben

Farbe/Transparenz - weiß, grau, auch rotbraun oder grünlich, manchmal farblos; durchsichtig bis durchscheinend

Strichfarbe - weiß

Glanz - Fettglanz, Glasglanz

Bestimmungsmerkmale - Glanz (fettiges Gefühl)

Vorkommen - in SiO_2-armen Magmatiten und Vulkaniten (Nephelinsyenite, Phonolith)

Magmatische Gesteine

© Springer-Verlag GmbH Deutschland, ein Teil von Springer Nature 2019
T. McCann, *Pocket Guide Geologie im Gelände*,
https://doi.org/10.1007/978-3-662-59422-3_3

Magmatische Gesteine sind oft an der Oberfläche aufgeschlossen, da sie entweder oberflächennah entstanden sind (z. B. Vulkane) oder durch tektonische Prozesse und Erosion nach ihrer Erstarrung an die Oberfläche vorgedrungen sind (Exhumation großer intrusiver Gesteinskörper). Um die Entstehung und Entwicklung einer magmatischen Provinz zu verstehen, ist es notwendig, eine Vielfalt von Untersuchungen im Gelände und im Labor zu machen. Für eine detailliertere Charakterisierung eines magmatischen Körpers sind zusätzlich chemische Gesteinsanalysen erforderlich. Magmatische Gesteine können in zwei Gruppen eingeteilt werden: intrusive Magmatite, die innerhalb der Erde erkalten und extrusive Magmatite, die an der Erdoberfläche erkalten.

3.1 Intrusive magmatische Gesteine – Arten von Intrusivkörpern

Intrusive magmatische Gesteine entstehen durch die Abkühlung und die Erstarrung von Magmen tief innerhalb der Erdkruste (◘ Abb. 3.1, ◘ Tab. 3.1). Die Körper können Dimensionen von mehreren Metern bis zu mehreren Kilometern erreichen.

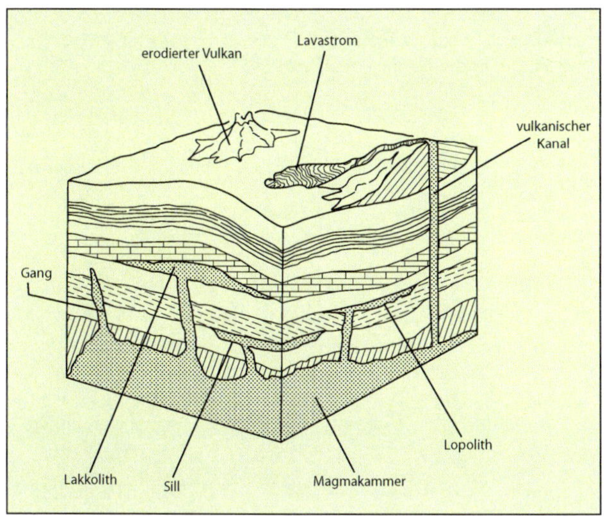

Abb. 3.1 Hauptintrusionsarten mit mögliche Beziehungen zu einer subvulkanischen Magmakammer. (Nach Thorpe und Brown 1985)

☐ Tab. 3.1 Intrusivkörper und ihre Dimensionen. (Nach McCann und Valdivia Manchego 2015)

	Mächtigkeit	Breite/ Länge/ Fläche	Zusammensetzung
Sills	Mehrere m bishunderte m	Bis 10 km breit	Hauptsächlich mafisch
Lakkolithe	Max. ca. 1000 m	1–8 km	Hauptsächlich Si-reiche Gesteine
Lopolithe	Mehrere m bismehrere km	Mehrere Zehner bis Hunderte km Durch-messer	Oft asymmetrisch & grob geschich-tet; hauptsachlich mafische bis ultra-mafische Gesteine
Gänge	<1 m bis meh-rere Hundert m	Bis mehrere Zehner km	Si-reich bis mafisch bis ultramafisch
Batholithe	–	Zehner von km breit; 100 bis Tausende km^2	Haupsächtlich Si-reiche Gesteine
Stöcke	–	Einige km breit; maximal 100 km^2	Haupsächlich Si-reiche Gesteine
Vulka-nische Pfropfen (Schlot-füllungen)	Hundert m bis 1 km	–	Variabel, abhängig von Vulkanchemie

▪ Gänge *(dikes)* und Adern

Vertikaler Gang (Teneriffa)

Plattenartige intrusive Körper, die größere Spalten auffüllen und das umgebende Nebengestein schneiden und durchkreuzen (Abb. 3.1). Mächtigkeiten variieren von <1 m bis zu mehreren Hunderten von Metern. Sie können radial um das Eruptionszentrum an den Flanken eines Vulkans auftreten (radiale *dikes*). Kleine Gänge (mm- bis cm-Skala, z. B. Aplite) werden auch Adern genannt.

Diabasader in Granit

Granitader in Diorit

■ Sill oder Lagergang

Konkordante, lagenförmige intrusive Körper, die mehr oder weniger parallel zur Schichtung oder Foliation innerhalb des Nebengesteins liegen (■ Abb. 3.1). Ihre Mächtigkeit kann zwischen Metern bis zu mehreren Hundert Metern liegen und sie können sich über Gebiete von Zehnern bis hunderten von Quadratmetern erstrecken. Sie sind im Allgemeinen auf Magmen niedriger Viskosität zurückzuführen. Sills treten einzeln oder in Gruppen auf.

■ Lakkolithe

Lakkolith (Dazit), Maiden Creek Sill, USA. (Sill ca. 3 m mächtig; Foto C. Breitkreuz)

Konkordante Intrusionen in Form eines Pilzes, meist in Tiefen um 3 km unter der Erdoberfläche (■ Abb. 3.1). Lakkolithe haben eine Mächtigkeit von bis zu 1 km und ein Durchmesser von 1–8 km. Im Allgemeinen entstehen Lakkolithe aus silikatreichen Magmen (höhere Viskosität als mafische Magmen) und deswegen breiten sie sich kaum lateral aus.

■ Lopolithe

Konkordante untertassen- oder trichterartige Intrusionen mit Mächtigkeiten von Metern bis Kilometern und Durchmessern, die mehrere Zehner bis mehrere Hundert Kilometer erreichen können. Ein häufiges Gestein in Lopolithen ist der Gabbro.

■ Batholithe & Stöcke

Große, grobkörnige, plutonische Körper, die häufig längliche Intrusionsgürtel (50–150 km breit und 500–1500 km lang) aufbauen. Stöcke sind kleinere Strukturen mit einem maximalen Aufschlussbereich an der Oberfläche von 100 km². Batholithe bestehen für gewöhnlich aus einer großen Anzahl sich überschneidender, kleinerer Intrusionskörper oder Plutone (jeweils 5–50 km im Durchmesser). Batholithe und Stöcke sind oft SiO_2-reich.

■ Vulkanische Schlote

Vulkanische Schlote, Agathla Peak, USA

Die Erosion von vulkanischen Körpern (z. B. vulkanischer Kanal) kann im Ausbiss runde bis ovale Strukturen freilegen (vulkanische Schlote). Diese haben einen Durchmesser in der Größenordnung von 10^2–10^3 m und schließen Laven sowie pyroklastisches Material ein. Intern zeigen sie häufig eine Brekziierung infolge des Durchgangs von vulkanischen Gasen und hydrothermalen Lösungen.

3.2 Vulkane

Vulkanausbrüche sind mit die dramatischsten und am besten sichtbaren magmatischen Prozesse (◼ Abb. 3.2). Der Großteil (ca. 90 %) vulkanischer Aktivität findet entlang der Plattengrenzen statt (z. B. Feuerring um den Pazifik).

Klassische Vulkane (**Zentralvulkane**) bilden typischerweise einen **Schlot** aus (wobei die Ausbildung mehrerer Sekundärschlote

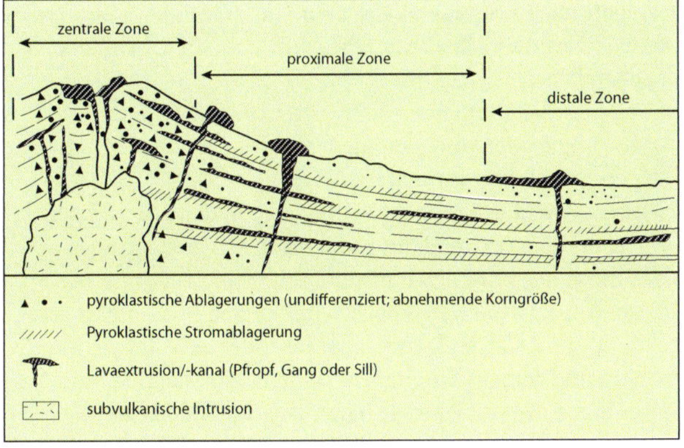

◼ **Abb. 3.2** Schematisches Profil, das die Faziesvariationen in einem Vulkan zeigt. (Nach Thorpe und Brown 1985)

möglich ist), in dem sich die Lava aus der unterirdischen **Magma-kammer** (oder gegebenenfalls mehreren Magmakammern) ihren Weg Richtung Erdoberfläche bahnt. Eruptionen entlang von Spalten (z. B. Flutbasalte) sind aber aufgrund ihres hohen Volumens von viel größerer Bedeutung in der Erdgeschichte.

Vulkane können in einer Vielzahl von Formen auftreten. Die jeweilige Form hängt in großem Maße mit der Zusammensetzung des Magmas zusammen und bestimmt die Art der Eruption. So sind Basalte aufgrund ihrer niedrigen Viskosität dünnflüssig und besitzen daher guten Fließeigenschaften, sodass sie breite **Schildvulkane** bilden. Magmen mit höherem Anteil an SiO_2 sind viskoser und explosiv. Sie bilden **Schichtvulkane,** die aus Lava und fragmentiertem Material aufgebaut sind. Siliziumreiche Magmen sind so viskos, dass die aufdringende Schmelze den Vulkanbau aufwölben kann.

3.3 **Vulkanische Eruptionstypen**

Magmatische Eruptionen können in folgende Haupttypen gegliedert werden (■ Abb. 3.3; beachte, dass die Übergänge fließend sind):

- **Isländische Eruptionen** – geringste Explosivität, sind störungs- oder kluftgebundene Eruptionen, die meistens gering-viskose Magmen produzieren.
- **Hawaiianische Eruptionen** – sind eng mit den isländischen Eruptionen verwandt und sind basaltischen Ursprungs. Eruptionen kommen nur sporadisch vor. Eruptionsphasen gasarmer Laven wechseln sich mit kurzen Phasen gasreicher Eruptionen ab (z. B. Feuerfontänen oder Feuerteppiche).
- **Strombolianische Eruptionen** – beinhalten Magmen mit höherer Viskosität als die hawaiianischen Magmen. Explosive Eruptionen entstehen in einem offenen Schlot durch das unregelmäßige Explodieren großer Gasblasen bei Druckentlastung im oberen Bereich der Magmasäule.

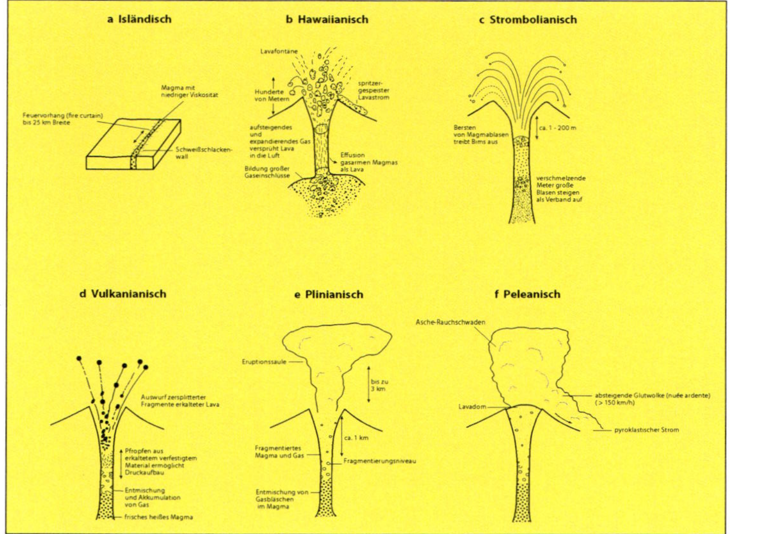

Abb. 3.3   Schematisches Diagramm der Haupteruptionstypen. (Nach Orton 1996; McCann und Valdivia Manchego 2014)

- **Vulkanianische Eruptionen** – entstehen wie die stromboliani-schen Eruptionen, neigen aber zu einer höheren Explosivi-tät. Oft handelt es sich um hochviskose, andesitische Magmen.
- **Peleanische Eruptionen** – stehen in Verbindung mit Glut-wolken und glühenden pyroklastischen Strömen. Diese Ströme enstehen wenn der Lavadome kollabiert..
- **Plinianische Eruptionen** – sind die größten und explosivsten Eruptionen. Die hochviskosen, sauren bis intermediären Magmen zeigen hohe Eruptionssäulen.

Zusätzlich zu diesen verschiedenen Arten gibt es phreatomag-matische Eruptionen, d. h. Eruptionen, die in Kontakt mit Grundwasser, Meereswasser oder auch unterhalb eines Glet-schers stattfinden. Diese sind meist explosiv und erzeugen sehr viel Wasserdampf und Pyroklasten.

3.4 Vulkanische Ablagerungen

Man unterscheidet zwei Arten vulkanischer Gesteine: Laven und Pyroklastika. Beide werden in der Regel während einer vulka-nischen Eruption gebildet. Laven bilden sich, wenn Magma aus dem Vulkan austritt und bei Kontakt mit der Atmosphäre oder Wasser erstarrt. Laven werden über ihre Form und Oberflächen-morphologie in vier Hauptmorphologien eingeteilt.

3.4.1 Laven

- ### Aa-Laven

Aa-Lava (Hawaii; Skala 30 cm)

Laven mit einer rauen, schlackigen Oberfläche, beinhalten mitgerissene Fragmente ehemaliger Krusten, die an der Oberfläche von viskoseren Laven mitgeflossen sind.

■ Pahoehoe-Laven

Pahoehoe-Lava (Hawaii; Skala 5,5 cm)

Laven mit glatten oder seilartigen Krusten, die grundsätzlich eine basische Zusammensetzung haben. Sie entstehen aus heißeren, weniger viskosen Laven als der Aa-Typ.

■ Blocklaven

Blocklava und Lavaball (Hawaii; Bildbreite ca. 4 m)

Bestehen aus einzelnen, stehenden Blöcken und beinhalten charakteristischerweise andesitisches, dazitisches oder rhyolithisches Material.

■ Kissenbasalte

Kissenbasalte (Skala 30 cm)

Bestehen aus runden bis elliptischen Strukturen mit einem Durchmesser von bis zu 1 m, die sich beim Kontakt von Lava und Wasser gebildet haben.

◼ Säulenstrukturen

Basaltsäulen, Giants Causeway, Nordirland (Säulendurchmesser ca. 30 cm; Foto B. Murphy)

Basaltsäulen, Mammoth Lake, USA (Skala ca. 2–4 m)

Bei basaltischen Laven, Sills und Gängen treten häufig fünf- bis siebenseitige Säulenstrukturen auf, die sich senkrecht zu den oberen und unteren Abkühlungsoberflächen gebildet haben und durch die Kontraktion während der Abkühlung entstanden sind.

3.4.2 Pyroklastika

Pyroklastika (z. B. Bimsstein, Gläser, Bomben) bestehen aus verschiedenen Materialen, die fraktioniert wurden, wenn Entgasungsprozesse zur Förderung mit hohen Geschwindigkeiten im Schlot führten. In subaerischen, submarinen oder subglazialen Eruptionen wird pyroklastisches Material zunächst vertikal in Form einer Eruptionssäule ausgeworfen (Abb. 3.3). Das pyroklastische Material **(Tephra)**, das bei Vulkaneruptionen gebildet wird, enthält drei Hauptfragmenttypen (Abb. 2.29):

- **Gesteinsfragmente:** Diese werden je nach Korngröße, vergleichbar mit den siliziklastischen Sedimenten bzw. Sedimentgesteinen, in Asche, Lapilli und Blöcke eingeteilt;
- **Glasscherben:** teilstücke blasiger Wände;
- **Einzelne Kristalle.**

Pyroklastika können wiederum in verschiedene Arten unterteilt werden. **Pyroklastische Fallablagerungen (Ascheablagerungen)** werden anfangs als Wolke transportiert. Wenn die Wolke aus vulkanischem Material ihre Wucht verliert, verteilen sich die Fragmente um die kollabierende Eruptionssäule herum und bilden eine deckenartige Ablagerung.

Bei **Pyroklastischen Stromablagerungen** (oder **Ignimbriten**) handelt es sich um Gravitationsstromablagerungen aus vulkanischen Fragmenten, die sich um den Vulkan in Form von heißen, hoch konzentrierten Gas- und Gesteinsgemischen ausbreiten (Abb. 3.2). Die Geschwindigkeiten nahe am Zentrum der Eruptionssäule können bis zu 1000 km/h erreichen. Die pyroklastischen Ströme, in denen Temperaturen zwischen <100 °C und >700 °C herrschen können, zerstören die gesamte Vegetation in einem Umkreis von über 100 km. **Pyroklastische Surgeablagerungen** sind auch Gravitationsströme, aber mit einer niedrigeren Konzentration (Dichte) als die der pyroklastischen Stromablagerungen. Sie breiten sich lateral als heiße, Gas-Feststoff-Gemische aus. Sie weisen Sedimentstrukturen auf, die die Fließrichtung anzeigen (z. B. Schrägschichtung, Dünenstrukturen, planare Lamination).

Eine Mischung aus vulkanischem Material ± Sediment und Wasser bildet Schutt- oder Geröllströme **(Lahare)**. Sie können sich über große Distanzen (>300 km) ausbreiten.

3.5 Struktur & Textur (Gefüge) magmatischer Gesteine

Die Beschreibung des Gefüges magmatischer Gesteine beinhaltet die Untersuchung verschiedener Aspekte, inklusive der Korngröße und -form und der geometrischen Anordnung der einzelnen Mineralkörner sowie eine Reihe anderer Strukturen.

■ Korngröße

Die Korngröße wird hauptsächlich durch die Abkühlungsrate des Magmas beeinflusst. Grobkristalline Gesteine bezeichnet man als **phaneritisch**, während feinkristalline Gesteine als **aphanitisch** bezeichnet werden. Erstere sind im Allgemeinen intrusiv, während Letztere meist extrusiv sind (◨ Tab. 3.2). Eine Mischform, in der größere Kristalle in einer feinkörnigeren Grundmasse auftreten, nennt man ein **porphyrisches Gefüge.** Ein **Porphyr** ist ein Gestein, das 50 % große, gut ausgebildete Einsprenglinge (häufig Plagioklas oder Kalifeldspat) besitzt, die in einer feinkörnigen Grundmasse verteilt vorliegen. Das feinkörnige Äquivalent zu einem Pegmatit (grobkörniges Gestein, meist granitische oder alkaligrantische Zusammensetzung, oft mit Kristallen >c. 1,0 cm

◨ **Tab. 3.2**   Korngrößenbeschreibungen in kristallinen Gesteinen. (Nach Jerram und Petford 2011)

Korngröße	Eigenschaften
Feinkörnig (aphanitisch/hyalin für glasige Gesteine; <1 mm)	Wenige Kristallgrenzen im Gelände oder mit der Lupe unterscheidbar
Mittelkörnig (phaneritisch; 1–5 mm)	Die meisten Kristallgrenzen sind mit der Lupe unterscheidbar
Grobkörnig (phaneritisch; >5 mm)	Nahezu alle Kristallgrenzen sind mit bloßem Auge unterscheidbar

Durchmesser) ist ein **Aplit,** ein feinkörniges, homogenes Gestein granitischer Zusammensetzung. Noch feiner ist das glasige vulkanische Gesteine – **Obsidian (Pechstein)** – das durch schnelle Abkühlung eines Magmas entsteht.

Magmatische Gesteine können des Weiteren Fremdeinschlüsse, bestehend aus Gesteins- **(Xenolithe)** oder Mineral-Fragmenten **(Xenokristalle)** enthalten, die während des Aufstiegs des Magmas aus dem Nebengestein aufgenommen wurden.

▪ Kornform

Mineralformen innerhalb eines Gesteins werden wie folgt beschrieben (◨ Abb. 3.4):

- **idiomorph** – Kristalle mit einer gut entwickelten Kristallform, mit ausgeprägten Kristallflächen und einer charakteristischen Geometrie.
- **hypidiomorph** – Kristalle, die ihrer Idealform ähneln, aber deren Wachstum von anderen Mineralen eingeschränkt ist/war.
- **xenomorph** – Kristalle, die in ihrer Form stark irregulär sind und keine Hinweise auf ihre Idealform liefern.

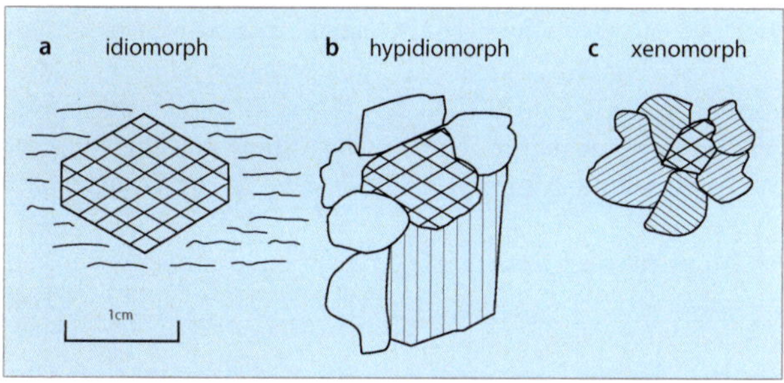

◨ **Abb. 3.4**   Kornform eines Minerals. (Nach Jerram und Petford 2011)

In den gröberen magmatischen Gesteinen ist die Mehrheit der Kristalle in ihrer Form idiomorph bis hypidiomorph. In vulkanischen Gesteinen können sowohl **Einsprenglinge** als auch einige akzessorische Minerale (z. B. Zirkon, Apatit) idiomorph ausgebildet sein, da sie früh in der Abfolge kristallisierten.

■ Andere Gefüge

Die geometrische Anordnung der einzelnen Minerale und ihre Beziehung zueinander werden vor allem stark durch die Reihenfolge beeinflusst, in der sie auskristallisieren. Ein **trachytisches Gefüge** beschreibt eine parallele/subparallele Anordnung von länglichen Plagioklaskristallen innerhalb eines magmatischen Gesteins.

Vesikel (Blasen) sind imerstarrenden Magma eingeschlossene Gasblasen. Diese bilden sich meist in vulkanischen (z. B. vesikulärer Basalt) Gesteinen. Würden die Hohlräume anschließend mit sekundären Mineralen verfüllt, spricht man von einem **amygdaloidem Gefüge** (z. B. amygdaloide Basalte).

3.6 Klassifikation magmatischer Gesteine

Der Anteil von Mineralen in einem magmatischen Gestein ist ein wichtiges Merkmal, das zum Vergleich und zur Klassifikation genutzt wird (⬛ Tab. 3.3). Magmatische Gesteine können im Allgemeinen durch den Chemismus und die Farbe (in Abhängigkeit des Mineralgehaltes) in drei bis vier Gruppen eingeteilt werden:

- **Saure/felsische Gesteine** – hell gefärbt und enthalten überwiegend Quarz, Feldspat und Feldspatoide. Der SiO_2-Gehalt ist ~75 Gew.-%.
- **Basische/mafische Gesteine** – meist dunkel gefärbt und enthalten viele eisen- und magnesiumreiche Minerale wie

◘ Tab. 3.3 Einteilung magmatische Gesteine in Bezug ihres SiO_2-Gehalts. (Nach Thorpe und Brown 1985)

Geochemischer Begriff	Definition Gew.-% SiO_2	Farbe
Sauer	>65	Helles Gestein
Intermediär	52–65	Mittelfarbiges Gestein
Basisch	45–52	Dunkles Gestein
Ultrabasisch	<45	Dunkles Gestein

Olivine, Pyroxene und Amphibole. Gesteine, welche ausschließlich eisen- und magnesiumreiche Minerale enthalten, nennt man ultrabasisch/ultramafisch. Der SiO_2-Gehalt ist ≤ 55 Gew.-%.

- **Intermediäre Gesteine** – liegen bezüglich ihres Mineralbestandes zwischen den beiden obenstehenden Endgliedern und enthalten sowohl hell- als auch dunkel gefärbte Minerale und sind somit intermediär in ihrer Farbe.

Die Farbe des Gesteins und der vorhandenen Minerale kann mit der Korngröße kombiniert werden, um eine einfache Geländeklassifikation für magmatische Gesteine zu erstellen (◘ Abb. 3.5).

Das **IUGS Klassifikationssystem** ist ein detaillierteres Schema, um magmatische Gesteine zu klassifizieren. Dies erfolgt in zwei Schritten (◘ Abb. 3.6 und 3.7):

1. Wie ist die Korngröße des Gesteins, d. h. ist das Gestein phaneritisch (d. h. grobkörnig – plutonisch) oder aphanitisch (d. h. feinkörnig – vulkanisch)?
2. Bestimme die Anteile der fünf häufigsten Minerale bzw. Mineralgruppen im Gestein. Bei der Betrachtung von Handstücken sind diese Minerale durch folgende Eigenschaften

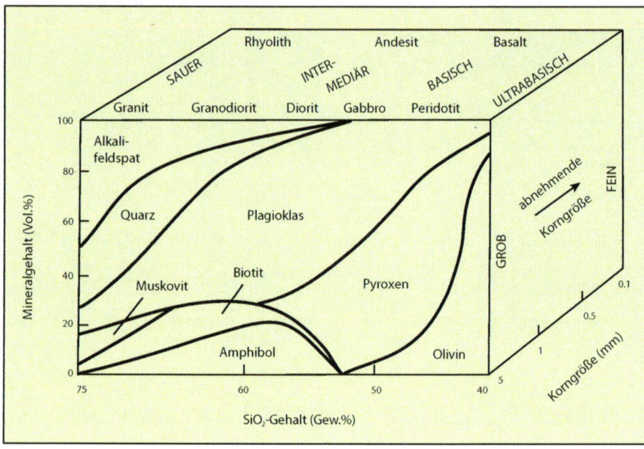

Abb. 3.5   Einfache Geländeklassifikation, basierend auf Farbe (helle vs. dunkle Minerale), wichtige silikatische Minerale und Korngröße. (Nach Jerram und Petford 2011)

am besten zu identifizieren (siehe auch ▶ Kap. 2 für eine detailliertere Beschreibung):

- **Quarz** – Lichtdurchlässigkeit, Glasglanz, Fehlen einer offensichtlichen Spaltbarkeit – muscheliger Bruch.
- **Plagioklas** – Spaltbarkeit, Zwillingsstreifenbildung auf den Spaltflächen.
- **Kalifeldspat** – Spaltbarkeit, oft sieht man im Handstück Karlsbader Zwillinge, häufig rosa bis bräunliche Färbung.
- **Mafische Minerale** – schwarze, braune oder grüne Färbung.
- **Foide (Feldspatoide)** – individuelle Charakteristika existieren oft für die einzelnen Foide (z. B. markantes graublau des Sodalith, hexagonale Gestalt des Leucit).

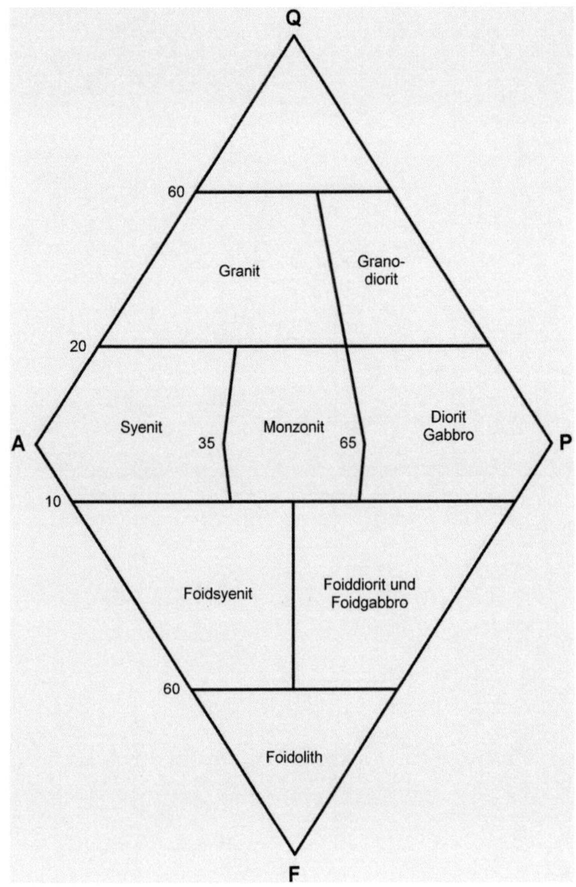

Abb. 3.6 Einfache Geländeklassifikation, basierend auf der IUGS-Klassifikation, von plutonischen Gesteinen anhand ihrer mineralogischen Zusammensetzungen: *Q* Quarz, *A* Alkalifeldspat, *P* Plagioklas, *F* Foide (Feldspatoide). Das Gestein muss weniger als 90 % mafische Minerale beinhalten. (Nach Blatt et al. 2006)

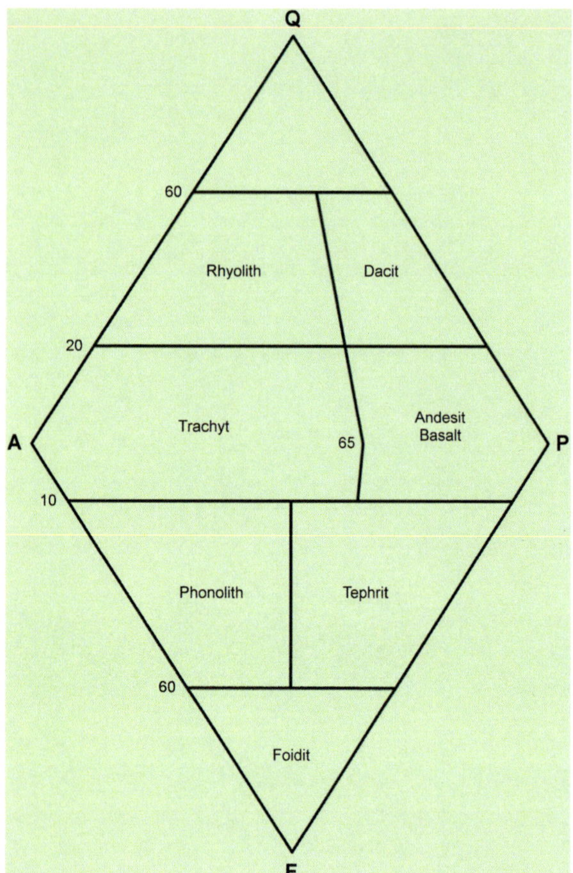

Abb. 3.7   Einfache Geländeklassifikation, basierend auf der IUGS-Klassifikation, von vulkanischen Gesteinen anhand ihrer mineralogischen Zusammensetzungen: *Q* Quarz, *A* Alkalifeldspat, *P* Plagioklas, *F* Foide (Feldspatoide). Das Gestein muss weniger als 90 % mafische Minerale beinhalten. (Nach Blatt et al. 2006)

Ein Diagramm, ähnlich dem für plutonische Gesteine (◘ Abb. 3.6), wird für die Klassifikation von vulkanischen Gesteinen benutzt (◘ Abb. 3.7). Durch ihr schnelles Abkühlen an der Erdoberfläche sind Laven oft feinkörnig (z. B. glasig, mikrokristallin), was es schwierig macht, sie zu beschreiben. Oft sind chemische Analysen die beste Methode für eine korrekte Klassifikation. Das Vorhandensein von Phänokristallen (gewöhnlich 10–50 %) in Verbindung mit der Farbe, den Zusammenhängen im Gelände usw. kann jedoch nützlich sein, um eine Lava detailliert zu beschreiben.

Vulkanische Gesteine können auch nach ihrer Korngröße klassifiziert werden (◘ Tab. 3.4). Kompaktierte, möglicherweise verschweißte, vulkanische Gesteine aus Asche und Staub werden **Tuffe** genannt. Gröbere Gesteine mit großen eckigen Fragmenten (>2 mm) in einer feinkörnigen Matrix werden **vulkanische Brekzien** genannt.

◘ **Tab. 3.4**   Korngrößenbasierte Nomenklatur für die häufigsten vulkanoklastischen Gesteinstypen. (Nach McCann und Valdivia Manchego 2015)

Korngröße	Nicht verfestigte Tephra	Verfestigtes pyroklastisches Gestein
$<^1/_{16}$ mm	Feinasche	Feintuff
$^1/_{16}$–2 mm	Grobasche	Grobtuff
2–64 mm	Lapillitephra	Lapillistein (oder Lapillituff) oder Tuffbrezie
>64 mm	Bombentephra (fließform) Blocktephra (eckige Form)	Agglomerat (Bomben vorhanden) Pyroklastische Brekzie

3.7 **Plutonite**

■ Granit

a Granit (Skala 2 cm) **b** Rapakivigranit

Farbe - geflecktes Gestein, weiß, grau, pink & rot

Korngröße - grob bis sehr grob

Gefüge - körniges Gestein, sehr homogen (manchmal gebändert), oft porphyrisch. Phänokristalle meist Feldspäte; häufig Xenolithe; oft Gänge und Adern

Mineralogie - „Feldspat, Quarz & Glimmer – die vergess' ich nimmer." Helle Minerale (80–100 %), überwiegend Feldspäte (K-Feldspat 35–100 %, Plagioklas 0–65 %) und Quarz (min. 10 %, normalerweise 20–60 %). Nebengemengeteile meist Biotit (auch Muskovit), Augit, Hornblende, Turmalin, Topas, Apatit, Titanit (Sphen), Zirkon, Titanit, Ilmenit, Pyrit & Magnetit

Vorkommen - große Intrusionen (inkl. Batholithe), aber auch Sills und Gänge. Vulkanisches Pendant ist Rhyolith

Granitarten

- **Rapakivigranit** – ein porphyrischer Hornblendegranit mit runden bis eiförmigen Alkalifeldspat-Kristallen (Orthoklas; 2–3 cm Durchmesser) von Plagioklas ummantelt
- **Alkalifeldspatgranit** – heller Granit mit (neben Quarz) überwiegend Alkalifeldspäten (< 10 % Plagioklas). Nebengemengeteile: Augit, Hornblende & Zirkon
- **Augit-Hornblende-Granit** – dunkler Granit durch Anteil an Augit & Hornblende
- **Biotitgranit** – hoher Anteil Biotit (bis 20 %); Zweiglimmergranit mit deutlichem Anteil an Muskovit
- **Turmalingranit** – hoher Anteil an Turmalin
- **Aplit** – sehr feinkörniger Granit (oft in Gängen), wenig mafische Minerale

■ Granodiorit

Granodiorit (Skala 2 cm)

Farbe - überwiegend grau (je höher der mafische Anteil an Neben-
gemengeteilen, desto dunkler)

Korngröße - wie bei Granit

Gefüge - körniges Gestein, granitähnlich

Mineralogie - Schwer von Granit zu unterschieden, sieht aber
meist dunkler aus. Mineralogie ist wie bei Granit, nur mit anderen
Feldspat-Verhältnissen (Plagioklas 65–100 %, K-Feldspat 0–35 %); es
bestehen aber fließende Übergänge

Vorkommen - das am Häufigsten vorkommende granitische
Gestein, oft intrusiv (z. B. Batholithe), oft innerhalb granitischer
Massive. Vulkanisches Pendant ist Dazit

Granodiorit-Typen

- **Trondhjemit** – quarzreiche Varietät (>20 %) mit wenig oder keinem Alkalifeldspatanteil; dunkle Minerale (<15 %) meist Biotit und Hornblende.
- **Tonalit** – Feldspat meist Plagioklas und meist kein Alkalifeldspat; Quarz ca. 20 %; dunkle Minerale (10–40 %) meist Biotit und Hornblende (beide häufig porphyrisch).

■ Syenit

Hornblende-Syenit (Skala 2 cm)

Farbe - hell- bis dunkelgrau, auch rot oder weiß

Korngröße - mittel bis grob (manchmal pegmatitisch)

Gefüge - wie bei Granit

Mineralogie - Feldspatreich & im Vergleich zu Graniten quarzarm. Helle Minerale (60–100 %), davon 80–100 % Feldspäte (K-Feldspat 65–100 % & Plagioklas 0–35 %), Quarz (0–20 %) oder Foide (0–10 %), wobei diese beiden einander ausschließen; Nebengemengeteile sind Biotit, Pyroxene, Fluorit, Zirkon, Titanit, Apatit, Ilmenit und Magnetit

Vorkommen - nicht besonders häufig, meist assoziiert mit Granit oder als kleine Intrusionen

Syenitarten
- Alkalisyenit – fast plagioklasfrei; häufig in Vorkommen mit Alkaligraniten

- ## Monzonit

Monzonit (Skala 2 cm)

Farbe - hell- bis dunkelgrau, auch grünlich, bräunlich & rot

Korngröße - meist mittelkörnig

Gefüge - manchmal Fließstrukturen (eingeregelte Minerale), und/oder tafelförmige K-Feldspat-Kristalle

Mineralogie - Feldspatreich & quarzarm (wie Syenit). Plagioklas > K-Feldspat. Helle Minerale (55–90 %), davon 80–100 % Feldspäte (K-Feldspat 35–65 % & Plagioklas 35–65 %), selten Quarz (0–20 %) oder Foide (0–10 %); Nebengemengteile Pyroxene, Hornblende, Biotit. Beim Übergang zu Diorit/Gabbro überwiegt Plagioklas, Quarz wird < 5 % und Pyroxene bis 20 %

Vorkommen - assoziiert mit Granit und Granodiorit

- ■ **Foidsyenit**

Nephelinsyenit (Skala 2 cm)

Farbe - hell (grau, pink), auch dunkelgrün

Korngröße - mittel- bis grobkörnig, manchmal Feldspat-Phänokristallen

Gefüge - manchmal eingeregelte tafelige K-Feldspäte und stänglige Hornblenden

Mineralogie - Kein Quarz, überwiegend Foide (insbes. Nephenin) & K-Feldspat. Helle Minerale 55–100 %, davon 40–90 % Feldspäte (K-Feldspat 50–100 %, Plagioklas 0–50 %) und Foide (10–60 %, typisch: Nephelin, Sodalith, Leucit); Nebengemengeteile: Biotit, Pyroxene, Amphibole

Vorkommen - selten als Gestein; kleine Intrusivkörper

■ Diorit

Diorit (Skala 2 cm)

Farbe - schwarz-weiß gefleckt, manchmal dunkelgrün oder pink

Korngröße - grobkörnig, aber sehr variabel (manchmal pegmatitisch), manchmal Phänokristalle (z. B. Hornblende)

Gefüge - häufig Xenolithe enthalten, manchmal Foliation

Mineralogie - Überwiegend Plagioklas & mafische Minerale (z. B. Amphibol, Pyroxen). Helle Minerale 50–85 %, davon 80–100 % Feldspäte (Plagioklas – meist Oligoklas, Andesin 65–100 %, K-Feldspat 0–-35 %), Quarz 0–20 % oder Foide 0–10 %. Dunkle Minerale 15–50 %, inkl. Biotit und/oder Pyroxene. Nebengemengeteile: Apatit, Titanit (Sphen), Eisenoxide, Zirkon, Granate. Mit 5–20 % Quarz = Quarzdiorit, > 20 % Quarz = Tonalit.

Vorkommen - kleine Intrusivkörper, lateral zu Graniten oder Gabbros. Vulkanisches Pendant ist Andesit

- **Gabbro**

Gabbro (Skala 2 cm)

Farbe - grau, dunkelgrau, schwarz, grünlich, bläulich

Korngröße - grobkörnig, manchmal pegmatitisch

Gefüge - oft geschichtet (helle & dunkle Minerale), mit Schichtmächtigkeiten von Zentimetern bis mehreren Metern

Mineralogie - Überwiegend mafische Minerale (z. B. Pyroxen, Olivin) & Plagioklas. Wirkt dunkler als Diorit. Helle Minerale 55–80 %, davon 80–100 % Feldspäte (Plagioklas: dunklere Sorten, Labradorit, Bytownit 65–100 %, K-Feldspat 0–35 %), Quarz (1–20 %), Foide (0–10 %). Dunkle Minerale 20–65 % besonders Pyroxene (Augit), Hornblende, Olivin und/oder Biotit. Nebengemengeteile: Apatit, Pyrit, Magnetit, Ilmenit, Serpentin

Vorkommen - Intrusivgestein (z. B. Stöcke, Gänge, manchmal Lopolithe). Oft mit anderen Gesteinen vergesellschaftet (z. B. Pyroxenit, Anorthosit). Vulkanisches Pendant ist Basalt

Gabbroarten
- **Norit** – dunkelgrau mit Hypersthen. Enthält Orthopyroxen oder Pigeonit statt Augit
- **Trokolith** – enthält Olivin statt Augit
- **Essexit** – fein- bis mittelkörnig, manchmal porphyrisch. Hoher Anteil an Pyroxenen (und dadurch fast schwarz)

Anorthosit

Farbe - grau bis weiß

Korngröße - mittel- bis grobkörnig

Gefüge - manchmal eingeregelte Kristalle, manchmal geschichtet

Mineralogie - Höhe Anteil an Plagioklas (>90 % Oligoklas/Andesin bis Bytownit). Nebengemengeteile: Pyroxene, Olivine & Eisenoxide

Vorkommen - große Intrusivkörper (Stöcke, Batholite), in kleineren Intrusivkörpern meist assoziiert mit Gabbros. Auch als Körper (über Hunderte von km^2) innerhalb metamorphischer Gebiete

■ Pyroxenit

Farbe - grün, dunkelgrün bis schwarz

Korngröße - mittel- bis grobkörnig

Gefüge - manchmal geschichtet

Mineralogie - Ultramafisches Gestein ohne Feldspat (anders als Gabbro) und oft <40 % Olivin (anders als Peridotit), überwiegend Pyroxene (Klinopyroxene oder Orthopyroxene), Olivin, Hornblende, Eisenoxide, oder Biotit. Feldspäte selten oder abwesend

Vorkommen - Intrusivkörper (Stöcke, Gänge) oder als Bänder innerhalb geschichteter Gabbros

■ Kimberlit

Farbe - bläulich, grünlich oder schwarz

Korngröße - amorph oder feinkörnig, manchmal Phänokristalle

Gefüge - oft porphyrisch, oft mit Xenolithen

Mineralogie - Ultramafisches vulkanisches Gestein mit viel Olivin (manchmal serpentinisiert), Glimmer (Phlogopit) mit Granaten (Pyrope) und Orthopyroxenen. Nebengemengeteile: Ilmenit, Spinell, Rutil, Calcit, Chromit, Diamant

Vorkommen - in Schlöten (Kimberlit-Schlote; hunderte Meter Durchmesser; Hauptquelle für Diamanten), manchmal Gänge

3.8 **Vulkanite/Subvulkanite**

▪ Rhyolith

Rhyolith (Skala 2 cm)

Farbe - hellfarbig; weiß, grau, grünlich, rötlich oder bräunlich. Manchmal gestreift

Korngröße - glasig bis feinkörnig

Gefüge - häufig Fließstrukturen oder geschichtet, mit Variationen in Korngröße oder Farbe. Eingeregelte Phänokristalle (Quarz, Feldspäte, Hornblende, Glimmer) manchmal vorhanden. Vesikel (Blasen, oder amygdaloides Gefüge wenn gefüllt) manchmal vorhanden. Sphärolithe (radiales Wachstum von Quarz-/Feldspatnadeln) manchmal vorhanden.

Mineralogie - reich an Quarz. Helle Minerale (80–100 %), davon 20–60 % Quarz, 40–80 % Feldspäte (K-Feldspat 35–100 %, Plagioklas 0–65 %). Dunkle Minerale 0–20 % – Pyroxene, Biotit, Zirkon, Apatit

Vorkommen - vulkanische Gebiete (Staukuppen, Dome), Lavaströme

Rhyolitharten
- Quarzporphyr – Einsprenglingskristalle von Quarz und bisweilen Biotit vorhanden
- Granitporphyr – Einsprenglingskristalle von K-Feldspat, Quarz und bisweilen Biotit und/oder Plagioklas vorhanden

■ Mikrosyenit

Farbe - grau, rötlich, bräunlich

Korngröße - mittelkörnig

Gefüge - körnig, oft mit Phänokristallen (meist K-Feldspat)

Mineralogie - wie Syenit (K-Feldspat, mit Biotit, Hornblende, Pyroxenen oder Quarz)

Vorkommen - Ganggestein (z. B. *Dikes*), assoziiert mit Intrusionen von Syenit, auch Trachyt

▪ Trachyt

Trachyt (Skala 2,2 cm)

Farbe - grau; auch weiß, pink oder gelblich

Korngröße - feinkörnig

Gefüge - oft porphyrisch (Sanidin, auch Plagioklas, Hornblende, Pyroxene), mit Fließstrukturen (trachytische Struktur)

Mineralogie - feldspatreich mit K-Feldspat > Plagioklas. Helle Minerale 60–100 %, davon 80–100 % Feldspäte (K-Feldspat 65–100 %, Plagioklas 0–35 %), Quarz (0–20 %) oder Foide (0–10 %). Dunkle Minerale 0–40 % (inkl. Pyroxene, Hornblende, Biotit)

Vorkommen - Lavaströme – oft assoziiert mit Basalt und kleinen Intrusivkörpern (Gänge, Sills)

▪ Mikrodiorit

Farbe - grau bis dunkelgrau, bisweilen grünlich oder pink

Korngröße - mittelkörnig

Gefüge - gewöhnlich porphyrisch (Hornblende, Biotit oder Augit)

Mineralogie - wie bei Diorit

Vorkommen - Intrusivkörper (Gänge, Sills), oft in Schwärmen um Intrusionen von Diorit oder Granit

■ Andesit

Trachyandesit

Farbe - grau, purpur, braun, grün oder fast schwarz

Korngröße - feinkörnig, glasig/amorph, oft mit Phänokristallen

Gefüge - Fließgefüge, gewöhnlich porphyrisch (Plagioklas, Biotit, Hornblende oder Augit), vesikulär oder amygdaloides Gefüge

Mineralogie - Feldspatreich (Plagioklas > K-Feldspat) Quarz, Pyroxen, Amphibol & Biotit. Helle Minerale 60–85 %, davon 80–100 % Feldspäte (Plagioklas 65–100 %, K-Feldspat 0–35 %), Quarz (0–20 %)

oder Foide (0–10 %). Dunkle Minerale 10–40 % (inkl. Biotit, Augit, Hornblende, Olivin, Magnetit, Zirkon). Plagioklas in feinkörniger Grundmasse ist meist Oligoklas–Andesin

Vorkommen - Lavaströme, auch Gänge. Oft assoziiert mit Basalten, Daziten und Rhyolithen

■ Basalt

Basalt (Skala 2 cm)

Farbe - schwarz oder grau-schwarz; rötlich oder grünlich verwittert

Korngröße - feinkörnig, manchmal glasig/amorph

Gefüge - bisweilen porphyrisch (Hornblende, Pyroxene, Olivin), vesikulär oder amygdaloides Gefüge (gefüllt mit Zeolithen, Karbonaten oder Quarz). Xenolithe sind manchmal vorhanden (oft Olivin oder Pyroxene). Säulig

Mineralogie - überwiegend Plagioklas & Pyroxene. Dunkle Minerale 40–70 % (Pyroxene, Olivin, Magnetit, Ilmenit, Biotit), helle Minerale

30–60 %, davon 80–100 % Feldspäte (Plagioklas 65–100 %, K-Feld-spat 0–35 %), Quarz (0–20 %) oder Foide (0–10 %).

Vorkommen - Lavaströme, Lavadecken (Plateaubasalte), Gang-gestein (Gänge, Sills)

Basaltarten
- Dolerit – grobkörniger, unveränderter, meist junger Basalt
- Tholeiit – olivinfreier Basalt
- Alkalitbasalt & Alkaliolivinbasalt – mit Olivin und Nephelin
- Olivinbasalt – mit Olivin als Sprenglingen und kein Ortho-pyroxen

Dazit

Dazit (Skala 2,2 cm)

Farbe - grau, bräunlich, gelblich

Korngröße - feinkörnig, amorph, oft porphyrisch (Quarz, Plagioklas, seltener Hornblende, Biotit)

Gefüge - Fließgefüge

Mineralogie - Quarz- & feldspatreiches Gestein. Helle Minerale 70–95 %, davon 20–60 % Quarz, 40–80 % Feldspäte (Plagioklas 65–100 %, K-Feldspat 0–35 %). Dunkle Minerale (5–30 %) – Pyroxene, Hornblende, Biotit, Zirkon, Magnetit

Vorkommen - Ganggestein (Gänge, Sills), Lavadom

- ## Obsidian

Obsidian (Skala 1,9 cm)

Farbe - schwarz, braun, grau.

Korngröße - amorph (Pechstein ist die Entglasung von Obsidian)

Gefüge - amorph, selten Phänokristalle (häufiger in Pechstein, Quarz, Feldspat). Sphärolithe (radial angeordnete Minerale, z. B. Feldspäte) sind häufig (Schneeflocken-Obsidian). Glasglanz (Pechstein ist eher matt). Muscheliger Bruch

Mineralogie - variabel, aber meist wie Rhyolith. Es gibt aber auch trachytische, andesitische und phonolithische Obsidiane

Vorkommen - meist im Randbereich von rhyolithischen Strömen (Kruste). Es kann zur Ausbildung kugelförmiger Sphärolithe kommen (mm- bis cm-Bereich), die als Hinweis auf eingetretene Entglasung gedeutet werden

■ Bims/Bimsstein

Bims (Skala 2 cm)

Farbe - weiß, grau, gelblich, bläulich, kann auch dunkler sein
Korngröße - feinkörnig/amorph mit zahlreichen Luftblasen

Gefüge - unregelmäßig oder oval geformte Poren (Porenanteil am Gestein bis zu 85 %)

Mineralogie - schaumiges Gesteinsglas. Komposition ist Rhyolith-ähnlich (kann aber auch dazitisch, andesitisch, trachytisch oder phonolithisch sein. Basaltischer Bims ist auch bekannt).

Vorkommen - entsteht in explosiven Eruptionen durch Druckentlastung innerhalb gasreicher und zähflüssiger Laven

■ Schlacke *(scoria, cinder)*

Scoria, spindelförmige Bombe (Skala 9 cm)

Farbe - dunkelbraun, schwarz, rötlich

Korngröße - feinkörnig/amorph, mit zahlreichen Luftblasen

Gefüge - dichter als Bims, manchmal mit Phänokristallen

Mineralogie - variabel, meist wie Basalt oder Andesit

Vorkommen - entsteht bei Eruptionen durch Druckentlastung innerhalb gasreicher und zähflüssiger Lava. Bildet kleine Kegel. Assoziiert mit Lava von Ausgangsmagmen

Phonolith

Phonolith (Skala 2 cm)

Farbe - dunkelgrün bis grau

Korngröße - dicht bis feinkörnig, oft porphyrisch (Feldspat, Nephelin)

Gefüge - oft plattige Struktur

Mineralogie - feldspat- und foidreich. Helle Minerale 60–100 %, davon 40–90 % Feldspäte (K-Feldspat 50–100 % – oft Sanidin, Plagioklas 0–50 %), Foide (10–60 %, Nephelin, Sodalith, Leucit). Dunkle Minerale 0–40 % – Augit, Granat, Olivin, Ilmenit, Apatit, Titanit, Magnetit, Zirkon

Vorkommen - Lavaströme, Ganggestein (Sills, Gänge). Oft assoziiert mit Trachyt und Nephelinsyenit

3.9 **Pyroklastische Gesteine**

■ **Agglomerat**

Agglomerat (oben) und Störung (Skala 10 cm)

Farbe - dunkel bis hell (abhängig von der Zusammensetzung)

Korngröße - eckige bis gerundete Fragmente (> 64 mm Durchmesser) in einer feinkörnigen Matrix

Gefüge - Fragmente sind variabel – von Blöcken bis Bomben

Mineralogie - sehr variabel und abhängig vom Ausgangsgestein (z. B. Basalt, Andesit)

Vorkommen - im proximalen Bereich von Vulkanen (Krater, Ränder), assoziiert mit Tuffen und Lavaströmen

Asche & Tuff

Tuff (Skala 2 cm)

Farbe - dunkel bis hell (abhängig von Komposition)

Korngröße - feinkörnig (< 2 mm Durchmesser)

Gefüge - Tuff ist konsolidierte Asche, oft geschichtet wie Sedimente, mit Gradierung. Oft mit lithischen Fragmenten (z. B. Rhyolithe, Andesite = lithische Asche/Tuff), glasigen Fragmente (z. B. Bims = glasige Asche/Tuff) oder Kristallen (z. B. Feldspäte, Hornblende = Kristallasche/-tuff). Manchmal mit Lapilli (runde bis elliptische Fragmente, 2–64 mm Durchmesser = Lapillituff). Fragmente (z. B. Bims) können komprimiert sein.

Mineralogie - sehr variabel und abhängig vom Ausgangsgestein (z. B. Basalttuff, Rhyolithtuff, Andesittuff, Trachyttuff)

Vorkommen - lufttransportierte Asche, von Eruptionszentren in Windrichtung abtransportiert und abgelagert. Grobkörniges Material ist proximal abgelagert, aber feinkörniger Staub kann weit transportiert werden (hunderte Kilometer). Assoziiert mit Lavaströmen, Agglomeraten und Sedimenten. Asche- und Tuffschichten können wichtige Markerhorizonte bilden

■ Ignimbrit

Nicht verschweißter Ignimbrit

Farbe - variabel, grau, rötlich, gelblich, braun, schwarz (abhängig von Komposition und Dichte)

Korngröße - amorph, selten Phänokristalle (Biotit, Quarz, Sanidin, Hornblende, selten Pyroxene)

Gefüge - Matrix aus vulkanischer Asche (Tephra) mit Fragmenten von Bims (<1 cm Durchmesser), Glas oder Kristallen. Bimsfragmente können plattgedrückt sein (Fiamme), besonders im unteren Teil des Stromes. Oft geschichtet. Abkühlungssäulen manchmal vorhanden.

Mineralogie - variabel – abhängig von Ausgangsmagma (z. B. Dazit, Rhyolith, selten Basalte)

Vorkommen - abgelagert durch hochkonzentrierte pyroklastische Strömungen (Glutwolken, *nueés ardentes*) – Mischungen aus Gas und Fragmenten (Asche & Bims-Lapilli). Assoziiert mit Lavaströmen, Agglomeraten und Sedimenten

3.10 Ultramafische Gesteine

- **Dunit**

Dunit (Skala 2 cm)

Farbe - grün

Korngröße - grobkörnig

Gefüge - manchmal geschichtet

Mineralogie - Olivin (>90 %), Orthopyroxen, Augit, Spinell, Granate, Chromit, Amphibole, Ilmenit, Magnetit, Plagioklas. Harzburgit ist ein reines Olivin-Orthopyroxen-Gestein, ohne Augit

Vorkommen - Konzentration von Olivin und Pyroxenen in gabbroischen Magmen. Vorhanden in geschichteten Gabbros oder Anorthositen, assoziiert mit Peridotit

■   **Perodit**

Peridotit (Skala 2 cm)

Farbe - grünlich bis schwarz

Korngröße - mittel- bis grobkörnig

Gefüge - manchmal geschichtet, selten porphyrisch

Mineralogie - Olivin (40–90 %), Pyroxene und/oder Hornblende. Nebengemengeteile: Biotit, Chromit, Granat

Vorkommen - Intrusivgestein (Gänge, kleine Stöcke), auch als Teil von geschichteten Gabbro-Intrusionen (mit Pyroxenit und Anorthosit). Auch als Xenolithe in Basalten. Entsteht wahrscheinlich als Konzentrat von Olivinkristallen innerhalb einer Gabbro-Schmelze

Metamorphe Gesteine

© Springer-Verlag GmbH Deutschland, ein Teil von Springer Nature 2019
T. McCann, *Pocket Guide Geologie im Gelände*,
https://doi.org/10.1007/978-3-662-59422-3_4

Metamorphose, im geologischen Sinne, ist die mineralogische, strukturelle, chemische Umwandlung oder Änderung der Isotopie, die eintritt, wenn Gesteine innerhalb der Erdkruste erhöhten Temperaturen oder Drücken ausgesetzt werden. Das Ausgangsgestein (unabhängig ob magmatischen oder sedimentären Ursprungs) wird als Protolith bezeichnet. Metamorphose findet in verschiedenen Maßstäben statt und wird allgemein in Regional- und Lokalmetamorphose unterschieden.

Regionalmetamorphose umfasst:

- orogen bedingte Metamorphose – tritt in Gebirgsketten auf, während Krustendeformation.
- Versenkungsmetamorphose – tritt in Gesteinen auf, über denen eine große Auflast aus Sedimenten oder Vulkaniten liegt.
- Ozeanboden-Metamorphose – steht in Beziehung zu mittelozeanischen Rücken.

Charakteristische Serien metamorpher Gesteine gibt es in Gebieten, die einer Regionalmetamorphose unterlagen. Typischerweise bedecken sie große Bereiche (10^2–10^3 km^2).

Lokalmetamorphose umfasst:

- Kontaktmetamorphose – tritt im Nebengestein auf, das magmatische Intrusionen umgibt (bei granitischen Intrusionen durch relativ niedrige Temperaturen um 800–850 °C, bei Gabbro oder Diorit durch deutlich höhere Temperaturen von 900–1100 °C). Um große Intrusionen herum können sich ausgedehnte **Kontaktaureolen** (bis ca. 10 km) bilden.
- Hydrothermale Metamorphose – tritt in Zonen auf, in denen heiße H_2O-reiche Fluide zirkulieren.
- Impaktmetamorphose – erfolgt durch den Einschlag eines extraterrestrischen Körpers (Schockmetamorphose).

Die häufigste Art lokaler Metamorphose tritt in Kontaktzonen magmatischer Intrusionen auf. Hier wird thermische Energie direkt von der Intrusion an das Nebengestein übertragen.

In großen Aureolen können sich Mineralisierungszonen mit klaren Proximal- (hochgradige Minerale) oder Distal- (niedriggradige Minerale) beziehungen ausbilden. Kontakt-metamorphose kann auch beschränkt auf kleine Bereiche von wenigen Metern stattfinden, wie z. B. um Sills oder Gänge.

4.1 Metamorphe Fazies

Die metamorphe Fazies ist ein Gliederungsansatz, der hilft, metamorphe Gesteine auf der Basis ihrer Mineralogie zu beschreiben und zu klassifizieren (◘ Abb. 4.1). In metamorph

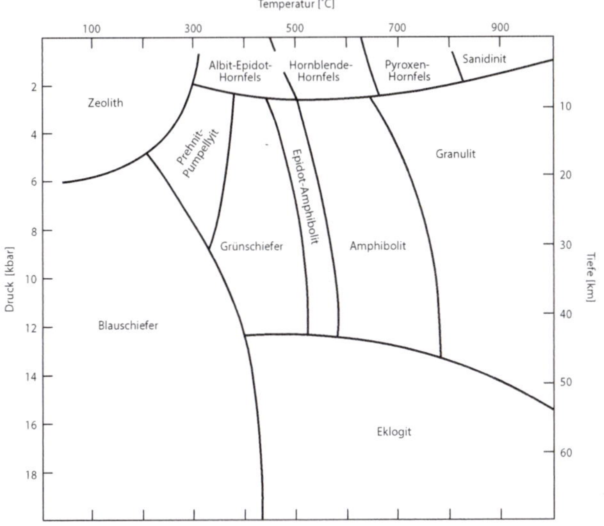

◘ **Abb. 4.1** Aufteilung der metamorphen Fazies in Abhängigkeit von Tiefe bzw. Druck und Temperatur (nach Blatt et al. 2006)

überprägten Regionen rekristallisieren bereits existente Minerale zu neuen Mineralen für bestimmte Druck- und Temperaturverhältnisse. Dabei besteht ein direkter Bezug zwischen den Mineralen mit den metamorphen Bedingungen (z. B. Temperatur, Druck, Fluide). Jede metamorphe Fazies kann durch charakteristische Minerale und Mineralparagenesen definiert werden.

Zwölf Fazies werden derzeit unterschieden (◼ Abb. 4.1, ◼ Tab. 4.1). Sie reichen von der **Zeolithfazies** (niedriger Druck, niedrige Temperatur) bis zur **Eklogitfazies** (Hochdruck). Das Erfassen verschiedener Fazies in einer metamorphen Zone ist ebenso wichtig wie die Identifikation einzelner Sequenzen oder **Fazies-Serien**, die vorhanden sein können.

4.2 Struktur & Gefüge metamorpher Gesteine

Variationen in der Struktur und Zusammensetzung von metamorphen Gesteinen sind sowohl abhängig von den Druck- und Temperaturverhältnissen als auch von der Art des Ausgangsgesteins. Ein weiterer Faktor ist z. B. hydrothermale Aktion einschließlich metasomatischer Aktion (bei der Ausgangsstein durch Fluide alteriert wird). Prozesse wie Drucklösung, Aufschmelzen und tektonische Deformation bilden den Ausgangspunkt für eine Reihe von charakteristischen Strukturen.

▪ Lineare Strukturen

Entstehen durch Einregelung von Mineralen und Mineralaggregaten in der Richtung der stärksten Streckung des Gesteins, bei duktiler Verformung.

◻ Tab. 4.1 Häufige silikatische und karbonatische Minerale für die regionalmetamorphe Fazies (nach Philpott und Ague 2009). Die sog. Barrowschen Zonen sind Zonen, in denen sowohl Druck und Temperatur steigen, abhängig vom Grad des Metamorphismus

Fazies	Mafische Gesteine	Ultramafische Gesteine	Tonsteine	Kalkführende Gesteine
Zeolith	Analcim, Ca-Zeolithe, Prehnit, Zoisit, Albit	Serpentin, Brucit, Chlorit, Dolomit, Magnesit	Quarz, Tone, Illit, Albit, Chlorit	Calcit, Dolomit, Quarz, Talk, Tonminerale
Prehnit-Pumpellyit	Chlorit, Prehnit, Albit, Pumpellyit, Epidot	Serpentin, Talk, Olivin, Tremolit, Chlorit	Quarz, Illit, Muskovit, Albit, Chlorit	Calcit, Dolomit, Quarz, Tonminerale, Talk, Muskovit
Grünschiefer	Chlorit, Aktinolith, Epidot oder Zoisit, Albit	Serpentin, Talk, Tremolit, Pyroxen, Chlorit	Quarz, Plagioklas, Chlorit, Muskovit, Biotit, Granat	Calcit, Dolomit, Quarz, Muskovit, Biotit
Epidot-Amphibolit	Hornblende, Aktinolith, Epidot oder Zoisit, Plagioklas	Olivin, Tremolit, Talk, Serpentin, Chlorit	Quarz, Plagioklas, Chlorit, Muskovit, Biotit	Calcit, Dolomit, Quarz, Muskovit, Biotit, Tremolit

(Fortsetzung)

◻ Tab. 4.1 (Fortsetzung)

Fazies	Mafische Gesteine	Ultramafische Gesteine	Tonsteine	Kalkführende Gesteine
Amphibolit	Hornblende, Plagioklas	Olivin, Tremolit, Talk, Anthophyllit, Chlorit, Pyroxen	Quarz, Plagioklas, Chlorit, Muskovit, Biotit, Granat, Staurolith, Kyanit, Sillimanit	Calcit, Dolomit, Quarz, Biotit, Tremolit, Olivin, Pyroxen, Plagioklas
Granulit	Hornblende, Augit, Pyroxen, Plagioklas	Olivin, Pyroxen, Augit, Hornblende, Granat, Spinell	Quarz, Plagioklas, Orthoklas, Biotit, Granat, Cordierit, Sillimanit, Pyroxen	Calcit, Quarz, Olivin, Pyroxen, Wollastonit, Granat, Plagioklas
Blauschiefer	Glaukophan, Lawsonit, Albit, Aragonit, Chlorit, Zoisit	Olivin, Serpentin, Pyroxen	Quarz, Plagioklas, Muskovit, Talk, Kyanit, Chloritoid	Calcit, Aragonit, Quarz, Olivin, Pyroxen, Tremolit
Eklogit	Granat, Omphazit, Kyanit	Olivin, Pyroxen, Augit, Granat	Quarz, Albit, Phengit, Talk, Kyanit, Granat	Calcit, Aragonit, Quarz, Olivin, Pyroxen

(Fortsetzung)

Tab. 4.1 (Fortsetzung)

Fazies	Mafische Gesteine	Ultramafische Gesteine	Tonsteine	Kalkführende Gesteine
Albit-Epidot	Albit, Quarz, Tremolit, Aktinolith, Chlorit	Serpentin, Talk, Epidot oder Zoisit, Chlorit	Quarz, Plagioklas, Tremolit, Cordierit	Calcit, Dolomit, Epidot, Muskovit, Chlorit, Talk, Olivin
Hornblende-Hornfels	Hornblende, Plagioklas, Pyroxen, Granat	Olivin, Pyroxen, Hornblende, Chlorit	Quarz, Plagioklas, Muskovit, Biotit, Cordierit, Andalusit	Calcit, Dolomit, Quarz, Tremolit, Pyroxen, Olivin
Pyroxen-Hornfels	Pyroxen, Augit, Plagioklas	Olivin, Pyroxen, Augit, Plagioklas, Spinell	Quarz, Plagioklas, Orthoklas, Andalusit, Sillimanit, Cordierit, Pyroxen	Calcit, Quarz, Pyroxen, Olivin, Wollastonit
Sanidinit	Pyroxen, Augit, Plagioklas	Olivin, Pyroxen, Augit, Plagioklas	Quarz, Plagioklas, Sillimanit, Cordierit, Pyroxen, Spinell	Calcit, Quarz, Pyroxen, Olivin, Wollastonit

Minerallineation, Monte-Rosa-Decke, italienische Alpen. (Skala 2 cm; Foto N. Froitzheim)

■ Planare Strukturen

Planare Strukturen wie Schieferung, Foliation und Scherzonen sind entweder das Resultat von Deformation oder repräsentieren ursprüngliche Erscheinungen, die durch Deformation überprägt wurden. Foliation ist der generelle Begriff für häufig vorhandene laminierte oder planare Strukturen.

Glattschieferung (Schieferung) ist eine Form der Foliation, die in feinkörnigen oder niedriggradig metamorphen Gesteinen typisch ist.

Schieferung, Trupchun, Schweiz. (Bildbreite 20 cm; Foto N. Froitzheim)

Rauschieferung ist ein Foliationstyp, der charakteristisch ist für stärker metamorph überprägte Gesteine, in denen mittel- bis grobkörnige, plattige Minerale (Glimmer, Chlorit) leicht identifiziert werden können.

Rauschieferung

Gneisstrukturen treten auf, wenn die Foliation eines Gesteins aus Millimeter bis Zentimeter mächtigen Lagen besteht, in denen Mineralverhältnis, Farbe oder Textur variieren. Gneise sind charakterisiert durch ihre Bänderung, eine Foliation, die im Zuge der dynamischen Metamorphose entsteht und zur Gliederung in Lagen von dunklen bzw. hellen Mineralbändern führt.

Knickbänder sind eine spezielle Art der Brechung von Foliationsflächen, sie treten in tonigen Schiefern auf und beruhen auf einer seitlichen Einengung, die zur Knickung führt.

Knickbänder, Alpbach, Österreich (Skala 30 cm; Foto K. Wellnitz)

Scherzonen entstehen durch die Lokalisierung von Deformation in einer plattenförmigen Zone zwischen zwei weniger verformten Bereichen.

Scherzone in Sandstein

4.3 Beschreibung von metamorphen Gesteinen

Die hohen Temperaturen und Drücke, die während der Metamorphose auftreten, führen zur Ausbildung einer Reihe charakteristischer Merkmale in den Gesteinen.

■ Mineralwachstum

Ein Haupteffekt des Temperaturanstiegs ist das Wachstum der Korngröße bei den meisten Gesteinen.

■ Wachstum von Porphyroblasten

Minerallösung und -wachstum fördern die Bildung von diagnostisch wichtigen Porphyroblasten – die metamorphen Pendants der Einsprenglinge in magmatischen Gesteinen. Die spezifische Anordnung der Blasten im Gestein bildet ein charakteristisches Gefüge aus. Folgende Begriffe sind von Bedeutung:

- **Porphyroblastisch** – hier sind die Kristalle (Porphyroblasten) deutlich größer als die Matrix.

- **Granoblastisch** – die Kristalle sind etwa gleichkörnig, und es sind keine Porphyroblasten vorhanden.
- **Augen** – Porphyroblasten mit einer bestimmten Zusammensetzung, bei denen es sich ursprünglich um ein einzelnes Korn, einen Kristall oder Klasten gehandelt hat.

Augengneis, Österreich. (Skala 16 cm; Foto N. Froitzheim)

■ Boudins

Diese Strukturen sind Zonen in Gesteinskörpern, die durch Zerrung entstanden sind und in ihrer Form Blutwürsten ähneln.

Boudin, Pohorje, Slowenien (Skala 2,5 cm; Foto N. Froitzheim)

■ Mylonitisierung (Reduktion der Korngröße)

Im Gegensatz zu der gängigen Tendenz der Vergrößerung der Körner während der fortschreitenden Metamorphose sind Gesteine aus tektonisch stark deformierten Gebieten durch eine Verkleinerung der Korngroße charakterisiert. Diesen Prozess der Verkleinerung im Zusammenhang mit Scherzonen nennt man Mylonitisierung. Diese Gesteine heißen demnach Mylonite.

Mylonit, Moine Überschiebung, Schottland. (Skala 30 cm; Foto N. Froitiheim)

4.4 Erkennung & Klassifikation metamorpher Gesteine

Die Klassifikation metamorpher Gesteine basiert auf dem Ausgangsgestein (Protolith) und dem Grad der Deformation. Metamorphe Gesteine (z. B. Schiefer, Felse, Gneise) werden bei einem charakteristischen Mineralbestand mit einem entsprechenden Präfix versehen, z. B. Granatgneis, Glimmerschiefer. Zusätzlich existieren historisch bedingt traditionelle Eigennamen für gewisse metamorphe Gesteine (z. B Marmor).

■ Ausgangsgestein

Es gibt drei Hauptgruppen von metamorphen Gesteinen basierend auf dem Ausgangsgestein; ausgehend von klastischen Sedimentgesteinen (z. B. Sandsteine), kalkigen Gesteine (z. B.

Kalksteine) und mafische oder intermediäre vulkanische oder pyroklastische Gesteine (z. B. Basalte, Andesite). Weitere metamorphe Gesteinstypen, deren Zugehörigkeit nicht in den oben genannten Gruppen liegt, beinhalten Granulite, Serpentinite, Skarn und Mylonite (◘ Tab. 4.2).

■ Gefüge

Das Gefüge (einschließlich der Korngröße) beinhaltet oft einen wichtigen Anhaltspunkt für Intensität (Grad) und Typ der Metamorphose (◘ Tab. 4.3). Sehr feinkörniges Gestein wird normalerweise in Gebieten mit Niedriggrad-Metamorphose oder an Orten, die in Verbindung mit oberflächlicher Kontaktmetamorphose stehen, gefunden. Gesteine, die sich unter regionalen, metamorphen Bedingungen gebildet haben, weisen im Allgemeinen eine Zunahme der Korngröße auf, wobei die Zunahme oft den Grad der Metamorphose widerspiegelt.

■ Schieferungstyp

Der Schieferungstyp beinhaltet zudem einen Anhaltspunkt für den Grad der Metamorphose (◘ Tab. 4.3):

- Niedriggrad-Metamorphose – Glattschieferung
- Mittelgrad-Metamorphose – Rauschieferung
- Hochgrad-Metamorphose – Gneisfoliation (Bänderung)

■ Mineralogie

Die Mineralogie beinhaltet wichtige Informationen über die Beschaffenheit der Protolithe und in manchen Fällen auch über das prämetamorphe Milieu und natürlich über den Metamorphosegrad bzw. die metamorphe Fazies,

☐ Tab. 4.2 Ausgangsgesteine der verschiedenen metamorphen Gesteine

Ausgangsgestein	Regionalmetamorphose			Kontaktmetamorphose
	Niedrigmetamorph (<400 °C)	Mittelgradig metamorph (400–650 °C)	Hochmetamorph (>650 °C)	
Tonstein	Tonschiefer/Phyllit	Glimmerschiefer	Gneis, Granulit, Amphibolit	Hornfels
Quarzsandstein	Quarzschiefer	Quarzit	Quarzit	Quarzit
Grauwacke, Arkose	Quarzit, Phyllit	Glimmerschiefer	Gneis, Granulit	
Kalkstein	Marmor	Marmor	Marmor	Marmor, Skarn
Mergel, mergeliger Kalkstein	Kalkschiefer	Kalkglimmer-schiefer	Kalksilikatgneis	Kalksilikatfels, Skarn
Granit, Rhyolith, Tuff	Gneis	Gneis	Gneis	Hornfels
Basalt, Diorit, Gabbro	Grünschiefer (Niedrigdruck), Blauschiefer (Hochdruck)	Amphibolit (Niedrigdruck), Eklogit (Hochdruck)	Amphibolit, Granulit (Niedrigdruck), Eklogit (Hochdruck)	Mafischer Hornfels

▣ Tab. 4.3   Korngröße und Schieferung von metamorphen Gesteinsgruppen

	Schiefer-Gruppe	Gneis-Gruppe	Fels-Gruppe
Korn-größe	Feinkornig	Mittel- bis grobkörnig	Fein- bis grobkörnig
Schiefe-rung	Stark geschiefert, in dünne Platten spaltend	Schwächer geschiefert, in dicke Platten spaltend	Keine Schieferung

4.5 Ausgewählte Metamorphe Gesteine

4.5.1 Kontaktmetamorphose

■ **Hornfels**

Hornfels (Skala 2,2 cm)

Farbe - gefleckte Erscheinung, verschiedene Farben einschließlich schwarz, blau, grau und grün

Textur - fein- bis mittelkörnig (manchmal mit Porphyroblasten)

Struktur - oft massig, selten primäre Strukturen zu erkennen

Mineralogie - feinkörnige Grundmasse mit Porphyroblasten (Cordierit, Andalusit, Pyroxene, Biotit, Granat, Sillimanit)

Auftreten - Hochtemperaturgestein, typisch für Gebiete von Kontaktmetamorphismus

Varietäten

- Andalusit-Cordierit-Hornfels – Porphyroblasten aus Andalusit und/oder Cordierit
- Pyroxen-Hornfels – Porphyroblasten aus Pyroxen, Andalusit und/oder Cordierit; Hochtemperatur-Kontaktgebiet

■ Marmor

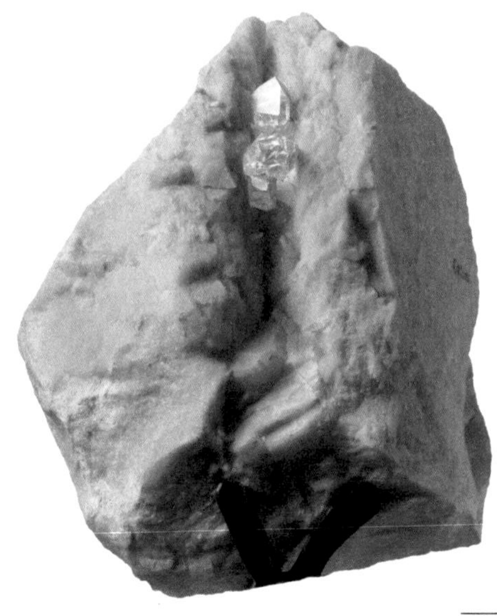

Marmor

Farbe - weiß oder grau, viele andere Farben möglich (inkl. schwarz, rot, grün – oft gestreift, geflammt oder fleckig)

Textur - mittel- bis grobkörnig, massig

Struktur - sedimentäre Strukturen (z. B. Schichtung) können präserviert sein. Bei niedriggradiger Metamorphose können auch Fossilien vorhanden sein

Mineralogie - überwiegend Calcit (bis zu 99 %), auch Dolomit, bisweilen Olivin, Amphibol, Chlorit, Serpentin, Tremolit, Glimmer, Epidot, Graphit, Plagioklas, Pyrit oder Quarz

Auftreten - entsteht durch den Metamorphismus von Kalkstein um magmatische Intrusionen. Lateral ist Marmor oft mit Kalkstein korrelierbar. Assoziiert mit Hornfels und Skarn

■ Skarn

Skarn (Skala 2,2 cm)

Farbe - schwarz, braun, grau, oft sehr variabel

Textur - fein- bis grobkörnig

Struktur - Minerale oft in Lagen, Knollen oder Linsen konzentriert

Mineralogie - überwiegend calciumreichen Silikate, bisweilen Olivin, Serpentin, Granate, Pyroxene und Sulfide

Auftreten - ein vererztes Kalksilikatgestein, das am Kontaktgebiet zwischen Granit (manchmal Syenit oder Diorit) und Kalkstein entsteht; Elemente (Si, Mg, Fe) vom Magma migrieren in den Kalkstein und bilden Silikatminerale und manchmal Erze

4.5.2 Regionaler Metamorphismus

■ Tonschiefer

Farbe - verschiedene Farben, inkl. grau, schwarz, blau, grün und braun

Textur - feinkörnig

Struktur - blättrig (Glattschieferung)

Mineralogie - aufgrund der Korngröße ist es schwer, individuelle Minerale zu erkennen; Tonmineralien (Chlorit, Kaolinit, Illit), Quarz, Glimmer. Bisweilen Porphyroblasten von Pyrit

Auftreten - niedriggradiges metamorphes Gestein. Regionalmetamorphe Alterierung von feinkörnigen klastischen Sedimenten (Tonstein, Siltstein) oder feinkörnigen Tuffen; Schiefertone quellen im Wasser, Tonschiefer jedoch nicht

■ Phyllit

Phyllit (Skala 2,2 cm)

Farbe - oft grünlich/gräulich, mit einem charakteristischen Seidenglanz auf den Schieferungsflächen

Textur - fein- bis mittelkörnig. Gut entwickelte Schieferung (aufgrund der blättrigen Minerale); bisweilen Porphyroblasten

Struktur - kleine Falten (wellenförmiges Gefüge) sind oft vorhanden

Mineralogie - Chlorit und/oder Muskovit (Serizit), auch Quarz, Feldspäte, Biotit, Graphit, Epidot und Granate

Auftreten - niedriggradige Metamorphite; Ausgangsgesteine sind tonige Gesteine; oft übergehend in Glimmerschiefer

▪ Glimmerschiefer

Glimmerschiefer mit Granat (Skala 2,2 cm)

Biotit-Chloritschiefer (Skala 2,2 cm)

Farbe - grün oder gräulich (Chloritschiefer), grau oder weiß, manchmal reflektierend (Muskovit-/Serizitschiefer); bräunlich oder schwarz, manchmal reflektierend (Biotitschiefer/Muskovitschiefer)

Textur - fein- bis mittelkörnig; Biotit- oder Muskovitschiefer können grobkörnig sein

Struktur - oft wellenförmig, blättrig oder schuppig

Mineralogie - normalerweise Muskovit und Quarz, wenig Feldspäte, aber abhängig von der Schieferart (z. B. Chlorit, Muskovit/Serizit, Biotit, Granat, Hornblende usw. können auch vorhanden sein); Porphyroblasten ebenfalls manchmal vorhanden (z. B. Albit in Chloritschiefer)

Auftreten - feinkörnige Sedimente sind die Ausgangsgesteine für Chloritschiefer (niedriggradige Metamorphite); bei höherem Metamorphosegrad von den gleichen Ausgangsgesteinen entstehen Muskovit-(Serizit)-Schiefer, oft assoziiert mit Phylliten und Chloritschiefern; wenn Sandsteine die Ausgangsgesteine sind, entstehen Quarz-Muskovit-Schiefer

Varietäten

- Biotitschiefer – oft braun/schwarz, reflektierend, Biotit ist ein Index-Mineral für regionalen Metamorphismus
- Granat-Glimmerschiefer – mit Granat-Porphyroblasten (bis cm-Größe), typisch für regionalen Metamorphismus
- Staurolitschiefer – hochgradig metamorphes Gestein mit Staurolith-Porphyroblasten

■ Grünschiefer

Chloritschiefer (Skala 2 cm)

Farbe - grün

Textur - feinkörnig

Struktur - Schieferung

Mineralogie - Chlorit, Epidot, Talk, Amphibole (Aktinolith), Glaukophan, Nebengemengteile sind Quarz und Muskovit

Auftreten - Ausgangsgesteine sind vor allem Basalt, Gabbro und auch feinkörnige Sedimente

Varietäten

- Talkschiefer – weicher Grünschiefer, sehr gut spaltbar, fühlt sich fettig an
- Chloritschiefer – oft grün, bisweilen Albit- oder Chloritoid-Porphyroblasten
- Glaukophanschiefer – dunkelfarbig durch hohen Anteil von Glaukophan, Hochdruckmetamorphit

Granulit

Granulit

Farbe - grau, schwarz, braun, manchmal fast weiß

Textur - mittel- bis grobkörnig

Struktur - massig, bisweilen schwache Bänder (dickschiefrig – wie glimmerfreie Gneise)

Mineralogie - abhängig vom Ausgangsgestein – typisch sind Pyroxene, Sillimanit, Kyanit, Granate, Biotit, Hornblende, Quarz und Feldspäte. Handelt es sich beim Ausgangsgestein um einen Tonstein, beinhalten die Granulite Feldspäte, Quarz, Pyroxene, Spinell, Cordierit und manchmal Granate

Auftreten - Hochtemperatur/Hochdruck-Gesteine

▪ Eklogit

Eklogit (Skala 2,7 cm)

Farbe - grün, bisweilen rötlich

Textur - mittel- bis grobkörnig, hohe Dichte

Struktur - strukturlos/massig, manchmal dickschieferig. Bisweilen Porphyroblasten (Granate, Pyroxene)

Mineralogie - Pyroxene und Granate. Nebengemengeteile sind Rutil, Kyanit, Hornblende, Plagioklas und Quarz

Auftreten - assoziiert mit Peridotiten und Serpentiniten. Auch als Xenolithe oder Linsen (km-Durchmesser-Größe)

■ Quarzit

Quarzit (Skala 2,2 cm)

Farbe - weiß, grau, kann auch rötlich sein

Textur - mittel- bis grobkörnig

Struktur - massig/strukturlos, aber primäre Sedimentstrukturen können präserviert sein

Mineralogie - Quarz, bisweilen Feldspäte oder Glimmer

Auftreten - Ausgangsgesteine sind Sandsteine; oft assoziiert mit anderen Metamorphiten (z. B. Marmor, Phyllit)

Gneis

Gneis mit Augen (Skala 17 cm)

Farbe - alterierend hellfarbige Bänder mit dunkleren Bändern

Textur - mittel- bis grobkörnig, helle Bände sind massig, dunkle Bände können foliiert sein

Struktur - geschichtete Struktur, mit Bändern >1 cm, schwache bis deutliche Rauschieferung

Mineralogie - helle Bänder beinhalten Feldspäte und Quarz, während dunkle Bänder Glimmer (Muskovit, Biotit) und Hornblende beinhalten, bisweilen Granate, Epidot, Pyroxene, Sillimanit und Cordierit

Auftreten - Hochtemperaturprodukt, sowohl assoziiert mit Graniten/Pegmatiten als auch mit Migmatiten, Ausgangsgesteine sind Magmatite (Orthogneise) und Sedimente (Paragneise)

Varietäten

- Augen-Gneis – mit Feldspat-Porphyroblasten oder Feldspat-/Quarz-Aggregaten

■ Amphibolit

Amphibolit

Farbe - schwarz, grau, graugrün, dunkel grün, grün

Textur - mittel- bis grobkörnig (manchmal feinkörnig)

Struktur - oft strukturlose und massige Gefüge, Foliation oder Rauschieferung kann vorhanden sein (aber oft schlecht entwickelt – wegen mangelnden Glimmers). Manchmal mit Porphyroblasten

Mineralogie - Hornblende, Plagioklas, Chlorit, Epidot, Pyroxene, Granat (wo $P > 5$ kbar)

Auftreten - entstehen durch Metamorphismus von basischen Magmatiten

▪ Serpentinit

Serpentinit (Skala 2,2 cm)

Farbe - graugrün, grün, schwarz. Oft gebändert oder gefleckt mit unregelmäßigem Farbbild

Textur - mittel- bis grobkörnig, kompakt/massig, auch faserig oder blättrig. Manchmal leichte Rauschieferung erkennbar

Struktur - oft gebändert/gestreift, häufig Adern/Flecken/Streifen von Serpentinmineralen

Mineralogie - Serpentinminerale (Chrysotil, Antigorit). Nebengemengteile: Olivin, Pyroxene, Amphibole, Glimmer, Granate, Chromit, Magnetit. Calcit ist oft vorhanden

Auftreten - entstehen durch sekundäre Alterierung (Serpentinisierung) von ultrabasischen Magmatiten (überwiegend Peridotit). Häufig in Linsen innerhalb von Metamorphiten

Sedimentgesteine

© Springer-Verlag GmbH Deutschland, ein Teil von Springer Nature 2019
T. McCann, *Pocket Guide Geologie im Gelände*,
https://doi.org/10.1007/978-3-662-59422-3_5

Sedimentgesteine bilden sich bei niedrigen Temperaturen und Drücken an oder nahe der Erdoberfläche durch die Akkumulation von Partikeln **(klastische Sedimente)** oder durch die Ausfällung von Lösungen bzw. aus organischem Material **(nicht klastische Sedimente)** (◘ Abb. 5.1). Genauer können vier Gruppen identifiziert werden:

- **Terrigene (klastische) Sedimente** – Sedimente, die durch detritische Komponenten (z. B. Minerale, lithische Fragmente, Fossilfragmente) aus existierenden Gesteinen gebildet werden.
- **Biogene (bioklastische/organische) Sedimente** – überwiegend aus den Skelettschalen und -fragmenten von Organismen sowie aus Material aus organischen Prozessen gebildet.
- **Chemische (authigene) Sedimente** – durch direkte Ausfällung von kristallinem Material aus übersättigten Fluiden.
- **Vulkanoklastische (vulkanogene/pyroklastische) Sedimente** – in vulkanischen Gebieten gebildete Sedimente; in erster Linie ein Ergebnis von Transport und Ablagerung innerhalb vulkanischer Eruptionsgebiete.

5.1 Sedimentstrukturen (Strömung und Wellenbewegung)

Sedimentgesteine bilden sich durch den Transport und die Ablagerung von Sedimenten durch Wasser, Wind und Eis sowie durch direkte Ausfällung. Die Strukturen, die sich während der Ablagerung bilden, sind Indikatoren für die Energiebedingungen innerhalb des Ablagerungsmediums.

■ Planare Schichten & Laminae

Bei niedrige Energie, z. B. wenn die Transportströmung anfängt, langsamer zu werden, werden dünne Schichten von Sand abgelagert **(planare Lamination).** Laminae haben eine Mächtigkeit von <1 cm, während Schichten >1 cm mächtig sind (◘ Tab. 5.1).

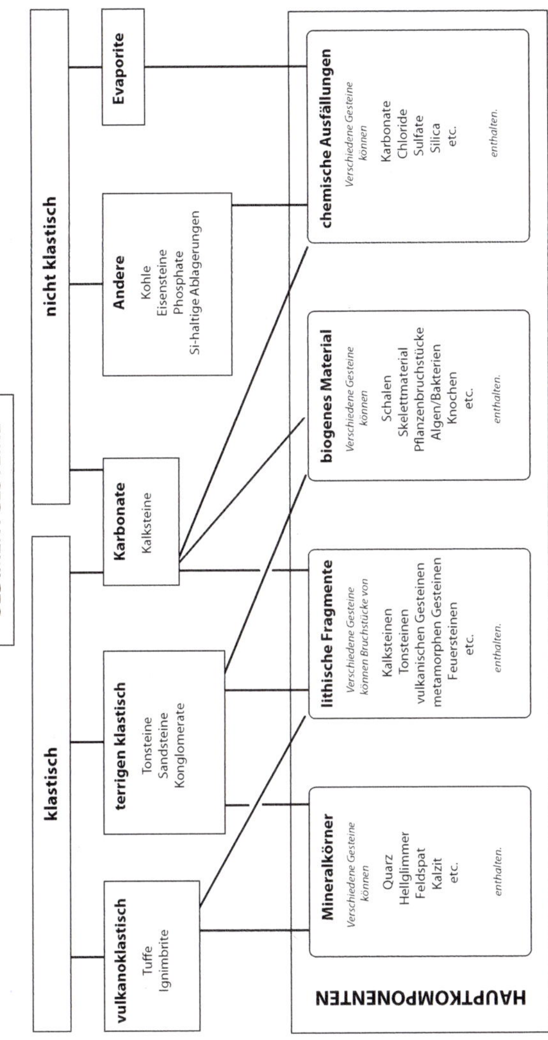

Abb. 5.1 Hauptbestandteile von Sedimentgesteinen. (Nach Nichols 2009)

◻ Tab. 5.1   Form und Terminologie von Schichtung und Lamination. (Nach Stow 2006)

Bezeichnung	Schichtmächtigkeit (cm)
Schichtung	
Sehr mächtige Schichtung (massig)	>100
Mächtige Schichtung (dickbänkig)	30–100
Mittlere Schichtung (dünnbänkig)	10–30
Feinschichtung (dickplattig)	3–10
Sehr feine Schichtung (dünnplattig)	1–3
Lamination (Feinschichtung)	
Dicke Lamination	0,6–1
Mittellaminierung	0,3–0,6
Feinlaminierung	0,1–0,3
Sehr feine Lamination	<0,1

Parallellamination, Almeria, Spanien (Skala 2,5 cm)

Grobe Schichtung in deltaischen Sedimenten, Almeria, Spanien (Skala 30 cm)

Schichtung in Turbiditen, Wales (Skala 2,5 cm)

■ Rippel & Dünen – Schrägschichtung & Schräglamination

Rippel sind kleine Bodenformen, die als ein Resultat einer unidirektionalen Strömung **(Strömungsrippel)** oder Oszillationsbewegung **(Wellenrippel)** erzeugt werden können. Während die Ersteren *asymmetrisch* sind, sind die Letzteren überwiegend *symmetrisch*. Dünen ähneln Rippeln, sind jedoch größere Bodenformen, die sich in marinen und äolischen Systemen als Resultat von Strömungs- oder Windeinwirkung bilden.

Strömungsrippel, Nordspanien (Skala 30 cm)

Schrägschichtung in fossilen Dünen, Utah, USA (Bildbreite ca. 5 m)

■ Strukturen in Sand-Ton-Mischungen

Variationen in Wellen- oder Strömungsenergie können in der Bildung von Schichtwechselfolgen von Sand und Ton mit einem linsenförmigen oder wellenartigen Erscheinungsbild resultieren. **Flaserlamination** tritt bei hauptsächlich sandigen Systemen auf, mit dünnen Auskleidungen von Schlamm. **Linsenförmige Lamination** bildet sich, wenn isolierte von Ton umgebene Rippel vorhanden sind. **Wellige Lamination** ist eine Zwischenform.

■ Erosionsstrukturen

Strömungsaktivität kann aber auch erosiv sein. Dies führt zu der Bildung einer Vielzahl von Strukturen in zuvor abgelagerten Sedimenten (z. B. Strömungsmarken oder Ausspülungsmarken).

Strömungsmarken, Aberystwyth, Wales (Bildbreite ca. 1 m)

Ausspülmarken, Harz (Skala 30 cm)

5.2 **Postablagerungsstrukturen**

Vor kurzem abgelagerte Sedimente sind häufig relativ weich aufgrund der innerhalb der Porenräume eingeschlossen verbleibenden Wassermenge (◘ Abb. 5.2). Es können sich folgende Strukturen bilden:

- Wickelstrukturbankung/-lamination – als Resultat von Erschütterung oder dem Durchfluss einer starken Strömung oder durch Auflast.
- Dichtegegensätze – Gegensätze in der Dichte zwischen zuvor abgelagerten Einheiten und den frisch abgelagerten Schichten können zu der Bildung einer Vielzahl von Merkmalen führen.
- Sandstein-Gänge & Sills – bilden sich, wenn verflüssigter Sand kraftvoll nach oben durch die darüber liegenden Sedimente (häufig durch Frakturen) eingespritzt wird. Gänge sind vertikal, Sills horizontal orientiert.
- Trockenrisse – sind polygonale Risse, die durch die Austrocknung von tonreichen Sedimenten in subaerischen Milieus entstehen.
- Gleit- und Rutschungsstrukturen – Massenbewegungen von Sediment (bis zu 500 km^3), welche durch Störgrößen (z. B. Erdbeben, Ablagerungslasten) in Bewegung gesetzt werden (◘ Abb. 5.2). Das Material bewegt sich daraufhin hangabwärts.

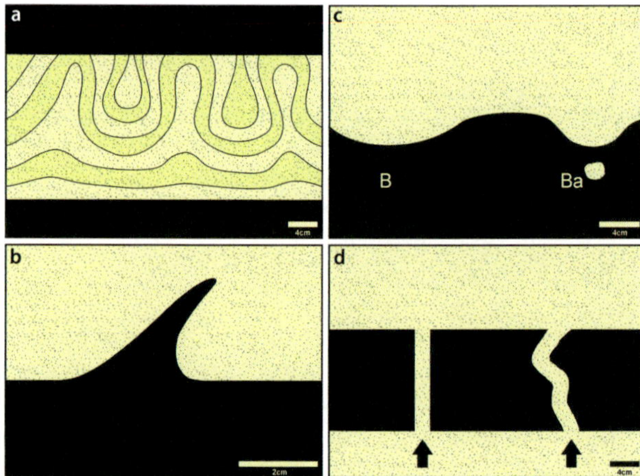

◼ **Abb. 5.2**   Postablagerungsstrukturen in Sedimenten: **a** Konvolut-schichtung, **b** Flammenstruktur, **c** Belastungsstruktur (B) und Ballstruktur (Ba), **d** Sandsteingänge

Trockenrisse, Almeria, Spanien (Bildbreite ca. 50 cm)

Rutschung, Llangranog, Wales (Skala 30 cm)

5.3 Biogene Strukturen

■ Ichnofossilien

Ichnofossilien sind die Lebensspuren von spezifischen Organismen und können sowohl anhand ihrer Lage als auch anhand ihrer Form beschrieben und klassifiziert werden. Ichnofossilien und Ichnofossilassoziationen (Ichnofazies) liefern viel nützliche Information über Energieniveaus, Nährstoffniveaus, Sauerstoffeintrag, Salinität etc. und geben auch wertvolle Auskunft über Wassertiefen.

Ichnofossilien: *Scolicia,* Nordspanien (Skala 17 cm)

- **Stromatolithe**

Stromatolith, Almeria (Skala 30 cm)

Laminierte (Laminae <1 mm, häufig zerknittert oder gebogen), im Allgemeinen in feinkörnigen Karbonaten zu findende Strukturen, die sich durch sowohl das Einfangen von Karbonatsediment durch die Bindungsaktivitäten von Blau- und Grünalgen (durch Bildung mikrobieller Matten) als auch die Fällung gelöster Stoffe von Mikroorganismen bilden. Die resultierenden Strukturen sind häufig halbkugelförmig.

5.4 Massenströme

Massenströme *(mass flows)* oder Gravitations-/Dichteflüsse sind Mischungen aus Sediment und Flüssigkeit, die sich unter dem Einfluss von Schwerkraft durch eine Vielzahl physikalischer Mechanismen hangabwärts bewegen. Vier Haupttypen können identifiziert werden.

■ **Schuttströme**

Dichte, viskose Mischungen von Sediment (Ton- bis Blockgröße) und Wasser mit höherem Anteil an Sediment als Wasser. Die Ströme zeigen keine Sortierung und die resultierende Ablagerung (Debrit) ist schlecht sortiert.

Debrit, Almeria, Spanien (Skala 30 cm)

■ Turbiditische Ströme

Turbulente Mischungen von Sediment und Wasser (Turbidits-
strömungen); meist in der Tiefsee zu finden. Die Sediment-
sortierung ist sehr gut und bildet Turbidite.

Turbiditabfolge, Nordspanien (Skala 1,8 m)

■ Körnerströme

Werden in Sedimenten mit einer guten Sortierung des Materials (z. B. äolische Sande) erzeugt, welche als Lawine einen steilen Hang herabstürzen.

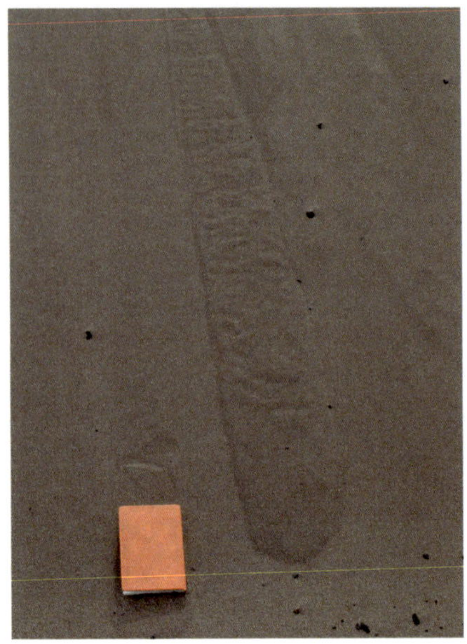

Körnerstrom, Garzweiler (Skala 20 cm)

■ Verflüssigte Ströme

Treten auf, wenn eine Sediment-Wasser-Mischung einer hoch-
energetischen Erschütterung (z. B. einem Erdbeben) ausgesetzt
ist. Dies hat den Aufstieg bzw. die Mobilisierung von Poren-
fluiden zur Folge, was zu einer Destabilisierung des Sedi-
mentkörpers führt. Die Destabilisierung wird als Liquefaktion
bezeichnet.

5.5 Beschreibung von Sedimenten

5.5.1 Beschreibung von klastischen Sedimenten

Erste Beschreibungen von klastischen Sedimenten können entweder basierend auf ihrer **Zusammensetzung** oder ihrer **Korngröße** vorgenommen werden. Hierbei werden jeweils die Prozentanteile der Hauptkomponenten – in der Regel Quarz, Feldspat und lithische Fragmente (◘ Abb. 5.3) bzw. die einzelnen Kornfraktionen betrachtet.

Eine dreifache Unterteilung basierend auf der Korngröße wird verwendet. Klastische Gesteine sind unterteilt in:

- Kies & Konglomerat – Körner (Klasten) >2 mm im Durchmesser
- Sand & Sandstein – Körner zwischen 2 mm und $^1/_{16}$ mm (0,063 mm) im Durchmesser
- Ton, Silt & Tonstein, Siltstein – Körner <0,063 mm im Durchmesser

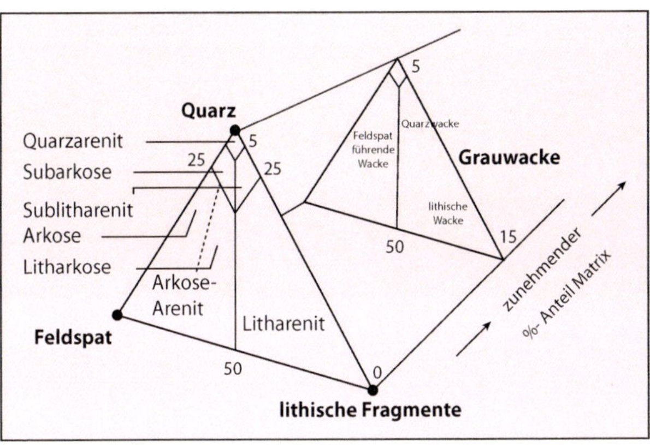

◘ Abb. 5.3 Klassifizierung von Sandsteinen. (Nach Pettijohn 1975)

Die Korngröße eines Sediments hängt stark von der Energie des Transportmediums ab, z. B. erfordern grobkörnige Konglomerate ein höheres Maß an Transportenergie als feinkörnige Sande (Abb. 5.4).

Innerhalb einer Schicht wird aufgrund von steigender/sinkender Energie innerhalb des Stromes eine Kornverteilung ersichtlich (Abb. 5.5):

- **normale Gradierung** – Abnahme in der Korngröße nach oben (Abnahme in der Fließgeschwindigkeit)
- **inverse Gradierung** – Zunahme in der Korngröße nach oben (Zunahme in der Fließgeschwindigkeit)

Normale Gradierung, Usbekistan (Skala 10 cm)

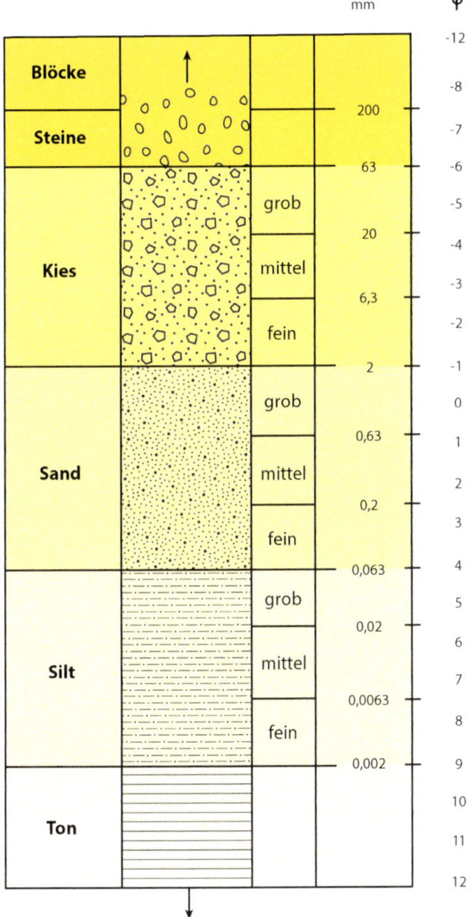

Abb. 5.4 Korngrößeneinteilung der Sedimente und Sedimentgesteine nach DIN EN ISO 14688 und Udden-Wentworth. (Nach Stow 2006; Blatt et al. 2006)

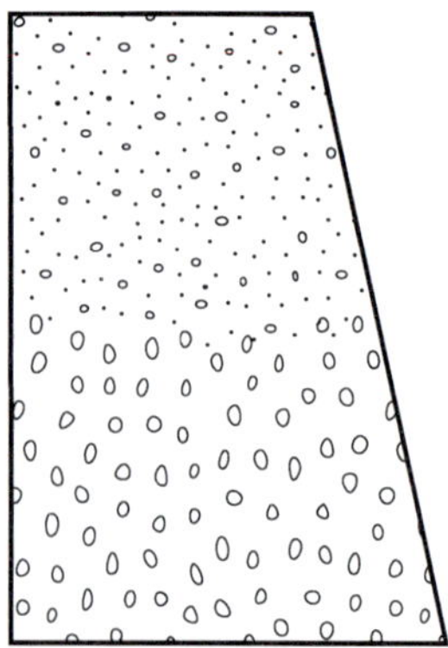
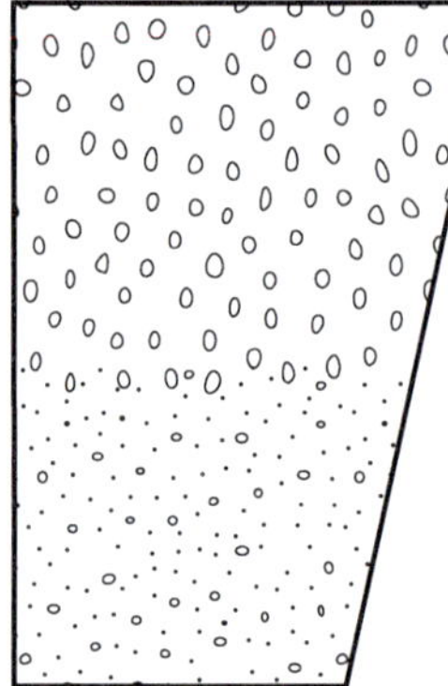

Abb. 5.5   Normale und reverse/inverse Gradierung in einzelnen Ablagerungen. (Nach Stow 2006; Nichols 2009)

Konglomerate & Brekzien

Ein Sedimentgestein, bei dem die einzelnen Körner oder Klasten größer als 2 mm im Durchmesser sind, wird bei gerundeten Körnern als Konglomerat bezeichnet, bei eckigen Körnern als Brekzie (Abb. 5.6).

- **matrixgestützte Konglomerate** – die einzelnen Klasten berühren sich nicht
- **klastengestützte Konglomerate** – die einzelnen Klasten stehen in Kontakt miteinander

Nach der Zusammensetzung werden zwei Hauptunterteilungen vorgenommen:

- **monomiktisch** – hauptsächlich Klasten einer mineralogischen Zusammensetzung
- **polymiktisch** – Klasten mit vielen verschiedenen mineralogischen Zusammensetzungen

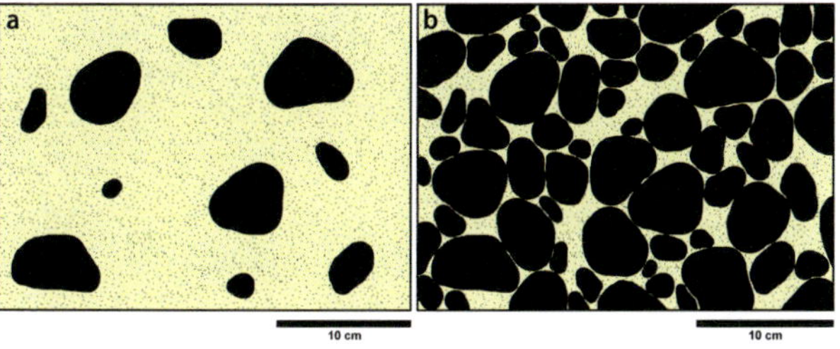

Abb. 5.6 Beschreibung von Klastenverteilung innerhalb eines Konglomerats: **a** matrixgestütztes Konglomerat, **b** klastengestütztes Konglomerat

■ Sandsteine

Sande und Sandsteine sind Sedimente/Gesteine, bei denen die einzelnen Korngrößen zwischen 2 mm und 63 mm rangieren. Diese können weiter unterteilt werden in sehr fein, fein, mittel, grob und sehr grob (siehe ■ Abb. 5.4). Auch der Prozentanteil der Matrix bzw. der Feldspäte wird benutzt, um Sandsteine genauer zu unterteilen.

■ Silte und Tone

Die feinkörnigsten Sedimente, hauptsächlich in niedrig-energetischen Umgebungen abgelagert, sind Silte (4–62 mm) und Tone (<4 mm). Erstere können in grob, mittel, fein und sehr fein unterteilt werden (■ Abb. 5.4).

5.5.2 Beschreibung von nicht klastischen Sedimenten

■ Kalksteine und Dolomitgesteine (Dolomite)

Karbonatgesteine und Sedimente sind überwiegend biogener Herkunft (z. B. Skelettschalen, -fragmente, kalkausscheidende Algen) durch Karbonatausfällung, gekoppelt an biochemische

Prozesse (◼ Tab. 5.2). Laut Definition ist ein **Kalkstein** jedes Sedimentgestein mit >50 % Calciumkarbonat, während es sich bei Dolomitgestein (Dolomit) um ein Magnesiumkarbonatgestein handelt. Karbonatproduktion ist hauptsächlich (jedoch

◼ **Tab. 5.2** Klassifizierung von Karbonatgesteinen. (Nach Stow 2006)

Haupttypen	Subtypen	Eigenschaften & Genese
Kalksteine ($CaCO_3$ dominiert)	Unterteilung aufgrund von: a) Korngröße Kalkrudit >2 mm Kalkarenit 0,063–2 mm Kalklutit <0,063 mm b) Ablagerungsgefüge (nach Dunham) Grainstone, Packstone Wackestone, Mudstone, Boundstone, Floatstone, Rudstone, Bafflestone, Bindstone, Framestone	Karbonatpartikel gebildet durch primäre chemische Fällung, durch biogene Ausscheidung, als Bruchstücke von Kalkskeletten und durch Erosion von vorhandenen Karbonatgesteinen
Dolomit (Ca $Mg(CO_3)_2$)	Unterteilung aufgrund des Grades der Dolomitisierung: <10 % Dolomit = Kalkstein 10–50 % Dolomit = dolomitischer Kalkstein 50–90 % Dolomit = kalkiger Dolomit >90 % Dolomit = Dolomit	Die meisten Dolomite bilden sich durch teilweise oder vollständige Verdrängung von Kalksteinen; können frühdiagenetisch in evaporitischen Umgebungen vorkommen, bilden sich aber meist bei tieferer Versenkung während der späteren Diagenese

nicht ausschließlich) auf tropische und subtropische Gebiete begrenzt. Die meisten Kalksteine bilden sich in Küstenbereichen und flachmarinen Umgebungen. Darüber hinaus bilden sich Karbonate auch in Höhlen, Quellen, Böden, Seen und in tiefmarinen Bereichen.

Aus mineralogischer Sicht handelt es sich bei Calciumkarbonat entweder um **Calcit** oder **Aragonit.** Da Aragonit bei den Temperaturen und Drücken der Erdoberfläche instabil ist, rekristallisiert es mit der Zeit zu Calcit. Andere Minerale, die das Calcium-Ion im $CaCO_3$ ersetzen können, beinhalten Sr (Strontianit) und Mg (Dolomit).

Hinsichtlich ihrer Textur können sie klastischen Sedimenten ähneln (z. B. Rundung der Körner, Sortierung) oder chemischen Ausfällungen (ineinander verzahnten Kristallen) näherliegen oder aber eine Mischung beider Formen darstellen. Zudem können sie ebenfalls eine Vielzahl biologisch gebildeter Strukturen aufweisen (z. B. Stromatolithe). Hinsichtlich ihrer Korngröße können Karbonate in drei Haupttypen unterteilt werden:

- Kalcirudit (äquivalent zum Konglomerat) – Körner >2 mm im Durchmesser
- Kalkarenit (äquivalent zu Sand) – Körner zwischen 0,063–2 mm im Durchmesser
- Kalcilutit (äquivalent zu Ton) – Körner <0,063 mm im Durchmesser

Detailliertere Schemata stehen ebenfalls zur Verfügung, eine wird im Folgenden beschrieben.

■ Dunham-Klassifizierung

Diese Klassifizierung verwendet hauptsächlich texturelle Kriterien, auch wenn die Natur der Körner oder das Gefügematerial ebenfalls berücksichtigt wird. Wird hauptsächlich für die Beschreibung von Handstücken verwendet (◉ Abb. 5.7).

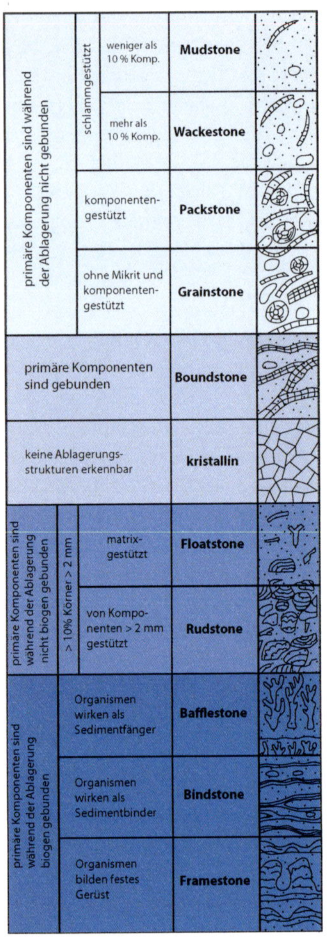

Abb. 5.7   Klassifikation der Kalksteine nach den bei der Sedimentation entstandenen Strukturen. (Nach Dunham 1962, mit Ergänzungen von Embry und Klovan 1971)

Bei den Hauptfragmenten handelt es sich um Skelettklasten (z. B. Mollusken, Brachiopoden, Schwämme, Korallen, Foraminiferen) und karbonatbildende Algen (z. B. Rot- & Grünalgen) sowie Bioherme und Biostrome (z. B. Korallen, Stromatolithe). Ebenfalls von Bedeutung sind die nichtbiogenen Bestandteile (Abb. 5.8), wie:

- Ooide (Oolithe) – kleine (<2 mm im Durchmesser), kugelförmige Karbonatkörner mit einer konzentrischen inneren Struktur.
- Peloide – kleine (<1 mm im Durchmesser), unregelmäßig geformte Karbonatkörner mit fehlender innerer Struktur. Häufig die Kotpillen von marinen Organismen.

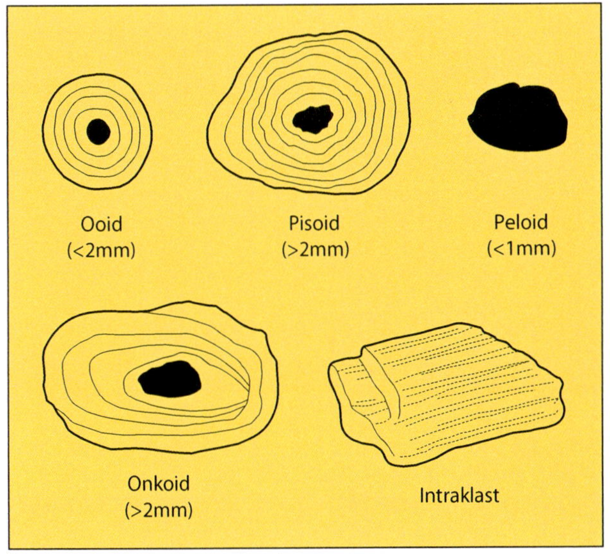

Abb. 5.8 Nichtbiogene Fragmente in Kalksteinen. (Nach Nichols 2009)

- Intraklasten – Karbonatfragmente, die sich innerhalb der Ablagerungsumgebung geformt haben und erodiert, transportiert und wieder abgelagert wurden.

5.5.3 Evaporite, Cherts, eisenreiche Gesteine, Phosphate & organische Sedimente

Evaporite bilden sich durch Ausfällung aus einer Lösung, wenn Ionen durch Verdunstung den notwendigen Sättigungsgrad überschreiten. Ca. 70 verschiedene Evaporitminerale sind bekannt (◘ Tab. 5.3).

◘ **Tab. 5.3**   Hauptminerale in Evaporitablagerungen. (Nach Stow 2006; Blatt et al. 2006)

Haupttypen	Minerale	Chemische Zusammensetzung
Marine Evaporite		
Chloride	Halit	NaCl
	Sylvin	KCl
Sulfate	Anhydrit	$CaSO_4$
	Gips	$CaSO_4\ 2H_2O$
Karbonate	Calcit (Kalzit)	$CaCO_3$
	Dolomit	$CaMg(CO_3)_2$
Nichtmarine Evaporite		
Karbonate	Trona	$NaHCO_3\ Na_2CO_3\ 2H_2O$
Sulfate	Gips	$Ca_SO_4\ 2H_2O$
	Anhydrit	$CaSO_4$
Chloride	Halit	NaCl

Man findet sie oft im Untergrund (z. B. Zechstein, Norddeutschland). Viele dieser alten Evaporitablagerungen sind mächtig (hunderte bis tausende Meter).

Cherts (Hornstein) sind feinkörnige siliziumhaltige Sedimentgesteine aus Quarzkristallen der Korngröße Silt (Mikroquarz) und aus Chalzedon (☐ Tab. 5.4). Cherts bilden sich entweder aus den Skeletten von Mikroorganismen oder durch Substitution von bestehenden Mineralen.

Ablagerungen mit mindestens 15 % Eisengehalt werden als eisenreiche Ablagerungen definiert. Zwei Typen sind bekannt:

- Präkambrische *Banded Iron Formations*
- Eisenoolithe

☐ Tab. 5.4 Klassifizierung von kieseligen Sedimenten. (Nach Stow 2006)

Haupttypen	Subtypen	Eigenschaften & Genese
Geschichtete kieselige Sedimente	Radiolarien	Meist marinen Ursprungs; umfassend rekristallisierter Quarz & biogene Reste
	Diatomeen	
	Schwammnadelreicher Hornstein	
	Jaspis	
Konkretionäre kieselige Sedimente	Feuerstein	Knolliger Hornstein, häufig in Schreibkreide
	Silicrete	Knolliger oder krustenbildender Hornstein in bestimmten Böden oder als Oberflächenkruste
Teilweise verfestigte kieselige Sedimente	Radiolarit	Reich an Radiolarian
	Diatomit	Reich an Diatomeen
	Spiculit	Reich an Schwammnadeln

Kohlenstoffreiche **organische Gesteine** sind von großem wirtschaftlichem Wert. Zwei Hauptformen treten auf – **Kohle** und **Ölschiefer.**

5.6 Ausgewählte Sedimentgesteine

▪ Konglomerat

Konglomerat (Skala 30 cm)

Farbe - variabel – abhängig von Komponenten

Textur - gerundete Klasten (>2 mm Durchmesser) in einer feinerkörnigen Matrix

Struktur - strukturlos oder gradiert/geschichtet

Mineralogie - polymiktisch (mehrere Klastenarten), monomiktisch (eine Klastenart)

Auftreten - indikativ für Strömungen mit hoher Energie

■ Brekzie

Brekzie (Skala 2,5 cm)

Farbe - variabel – abhängig von Komponenten

Textur - eckige Klasten (>2 mm Durchmesser) in einer feinerkörnigen Matrix

Struktur - strukturlos oder gradiert/geschichtet. Sowohl klasten- als auch matrixgestützte Brekzien möglich

Mineralogie - polymiktisch (mehrere Klastenarten), monomiktisch (eine Klastenart)

Auftreten - indikativ für Strömungen mit hoher Energie. Häufig nahe am Liefergebiet (kurzer Transport)

■ Sandstein

Sandstein (Skala 2,2 cm)

Farbe - variabel. Oft rot, braun, grünlich, gelb, grau oder weiß

Textur - fein- bis grobkörnig (0,063 bis max. 2,0 mm Durchmesser). Fragmente sind eckig bis gut gerundet

Struktur - strukturlos oder gradiert/geschichtet (mit einer Reihe interner Strukturen möglich)

Mineralogie - Quarz-, Feldspat- und Gesteinsfragmente

Auftreten - indikativ für Strömungen mit mittlerer Energie

■ Arkose

Arkose

Farbe - rot, pink

Textur - fein- bis grobkörnig (max. 2,0 mm Durchmesser). Überwiegend Quarz- und Feldspatfragmente (25–50 %) in Matrix/Zement. Fragmente sind eckig bis gut gerundet

Struktur - strukturlos oder gradiert/geschichtet

Mineralogie - Quarz & Feldspat – oft ein Verwitterungsprodukt von Granitoiden

Auftreten - indikativ für Strömungen mit mittlerer Energie

■ Grauwacke

Grauwacke (Skala 2 cm)

Farbe - grau, schwarz

Textur - fein- bis grobkörnig (max. 2,0 mm Durchmesser). Quarz-, Feldspat- und Gesteinsfragmente in einer Matrix (bis 15 %). Fragmente sind eckig bis gut gerundet

Struktur - strukturlos oder gradiert/geschichtet

Mineralogie - abhängig von Liefergebiet und Komponenten

Auftreten - indikativ für Strömungen mit mittlerer Energie

▪ Siltstein

Siltstein (Schichten in Tonstein) (Skala 16 cm)

Farbe - variabel – schwarz, grau, braun, gelb, weiß

Textur - feinkörnig (<0,063 mm Durchmesser). Quarz- und Feldspatfragmente in Matrix/Zement. Körner sind eckig bis gut gerundet

Struktur - strukturlos oder gradiert/geschichtet

Mineralogie - Quarz & Feldspat – abhängig von Liefergebiet und Komponenten

Auftreten - indikativ für Strömungen mit niedriger Energie

■ Tonstein

Tonstein (Skala 2 cm)

Farbe - variabel – schwarz, grau, braun, gelb, grün, rot, weiß

Textur - sehr feinkörnig (<0,0039 mm Durchmesser). Individuelle Körner sind nicht sichtbar

Struktur - strukturlos oder gradiert/geschichtet (mit einer Reihe interner Strukturen möglich)

Mineralogie - Quarz, Feldspat und vor allem Tonminerale – abhängig von Liefergebiet und Komponenten

Auftreten - indikativ für Strömungen mit sehr niedriger Energie

▪ Kalkstein

Bioklastischer Kalkstein (Skala 2,2 cm)

Farbe - reiner Kalkstein ist oft grau, weiß oder cremig, unreiner Kalkstein kann rot, braun oder schwarz sein

Textur - variabel und abhängig von Fossilgehalt und Korngröße. Von feinkörnig (Mikrit/Kreide) über kristallin (manchmal zuckerartig) bis konglomerat- oder brekzienartig

Struktur - strukturlos oder gradiert/geschichtet (mit einer Reihe interner Strukturen möglich). Großstrukturen (z. B. Riffkörper) sind manchmal gut entwickelt

Mineralogie - überwiegend Kalzit. Andere Mineralien sind häufig vorhanden (z. B. Quarz – als Körner oder in Form von Chert)

Auftreten - biochemische Gesteine häufig aus Resten von Organismen (Schalen, Skelette), Karbonatklasten (Intraklasten), oder anderen Fragmente (Ooiden, Peloiden). Normalerweise flachmarin und oberhalb der Karbonat-Kompensationstiefe. Häufig in Verbindung mit anderen Kalksteinarten

Kalksteinarten

- muscheliger Kalkstein
- oolithischer Kalkstein – Ooide sind kugelförmige Körner aus Calciumkarbonat (<2 mm im Durchmesser), die sich durch Ausfällung in höherenergetischen Gebieten in flachmarinen Bereichen bilden
- Kreide/Mikrit – ein feinkörniger Kalkstein. Kreide entsteht aus Mikrofossilien (Coccolithen) im tiefmarinen Bereich. Mikrit ist ein allgemeiner Begriff für feinkörnigen Kalkstein
- Travertin/Tufa/Tropfstein – ein feinkörniger Süßwasser-Kalkstein, häufig in Höhlen zu finden (Stalaktiten – von Decke wachsend, Stalagmiten – vom Boden wachsend)

Dolostein (Dolomit)

Dolostein (Dolomit) (Skala 2,2 cm)

Farbe - weiß, cremig, grau

Textur - Dolostein ist manchmal primär, aber normalerweise sekundär (ein diagenetisch alterierter Kalkstein). Texturen sind manchmal wie die des Ursprungsgesteins, können aber auch sehr alteriert sein (granular bis feinkörnig)

Struktur - strukturlos bis geschichtet. Interne Strukturen sind manchmal vorhanden

Mineralogie - überwiegend Dolomit. Manchmal mit Kalzit oder Quarz/Chert

Auftreten - oft assoziiert mit anderen Kalksteinen

■ Chert (Feuerstein)

Feuerstein

Farbe - grau, schwarz

Textur - feinkörnig, mit muscheligem Bruch

Struktur - knollenartig, manchmal geschichtet

Mineralogie - mikrokristalliner Quarz

Auftreten - oft mit Kalkstein assoziiert. Besondere Formen sind Diatomit (Kieselgestein aus Diatomeenskeletten) oder Radiolarit (Kieselgestein aus Radiolarienskeletten)

■ Torf

Torf

Farbe - braun, schwarz

Textur - deutliche Pflanzenreste zu erkennen

Struktur - geschichtet

Mineralogie - organisches Material (ca. 60 % C), häufig Pflanzenreste

Auftreten - Sumpfgebiete, assoziiert mit anderen Sedimenten

■ **Anthrazit**

Anthrazit (Skala 2 cm)

Farbe - schwarz, oft metallisch glänzend

Textur - feinkörnig

Struktur - geschichtet (Flöze)

Mineralogie - Kohlenstoff (ca. 94 %), selten Pflanzenreste

Auftreten - assoziiert mit anderen Sedimentgesteinen. Kontinentales Ablagerungsmilieu

Fossilien & Paläoökologie

© Springer-Verlag GmbH Deutschland, ein Teil von Springer Nature 2019
T. McCann, *Pocket Guide Geologie im Gelände,*
https://doi.org/10.1007/978-3-662-59422-3_6

Fossilien sind die erhaltenen, versteinerten Überreste oder Spuren von Tieren, Pflanzen und anderen Organismen. Man findet sie vor allem in Sedimentgesteinen, besonders in Kalksteinen, Schiefern, Siltsteinen und Sandsteinen. Biostratigraphie ist eine wichtige Methode für die Korrelation und relative Datierung von Gesteinsserien. Bestimmte stratigraphische Perioden sind durch charakteristische Fossilgruppen (sog. **Leitfossilien**) ausgezeichnet.

Die Hauptkontrollmechanismen für ihre Verbreitung (d. h. von rezenten und fossilen Organismen) sind:

- Temperatur (beeinflusst großmaßstäbliche Verbreitung, sowohl in Anzahl als auch in Diversität)
- Licht (der Bereich der maximalen biologischen Produktivität liegt in den oberen 10–20 m der Wassersäule)
- Sauerstoffniveau
- Substrat (d. h. Boden, z. B. Ton, Sand)
- Salinität
- Wasserturbulenzen
- Nährstoffe
- Klima (z. B. tropisch, gemäßigt)

Das marine Milieu, das von besonderer Wichtigkeit für Fossilien ist, kann hinsichtlich der Tiefe unterteilt werden (◘ Abb. 6.1 und 6.2). Am Meeresboden lebende Organismen sind **benthisch**, innerhalb der Wassersäule lebende Organismen umfassen zwei Gruppen:

- **planktisch** (= planktonisch), Organismen, die passiv in der Wassersäule treiben oder schwach schwimmen, und
- **nektisch** (= nektonisch) – aktive Schwimmer.

Neritische Organismen leben in flachen Küstengewässern, während **pelagische/ozeanische** Faunen die Oberflächenwässer oder mittleren Tiefen der offenen Ozeane bewohnen.

◘ Abb. 6.1   Marine Milieus, **a** supralitoral, **b** litoral, **c** sublitoral. (Nach Clarkson 1998)

6.1 Fossilgruppen

▪ Schwämme (Porifera)

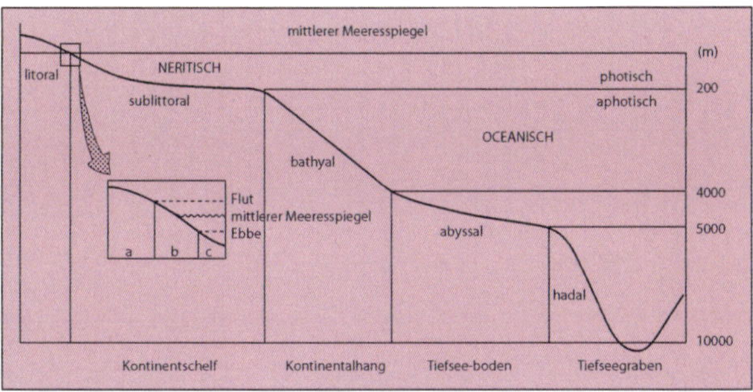

Schwamm *Coeloptychium deciminum* (Kreide)

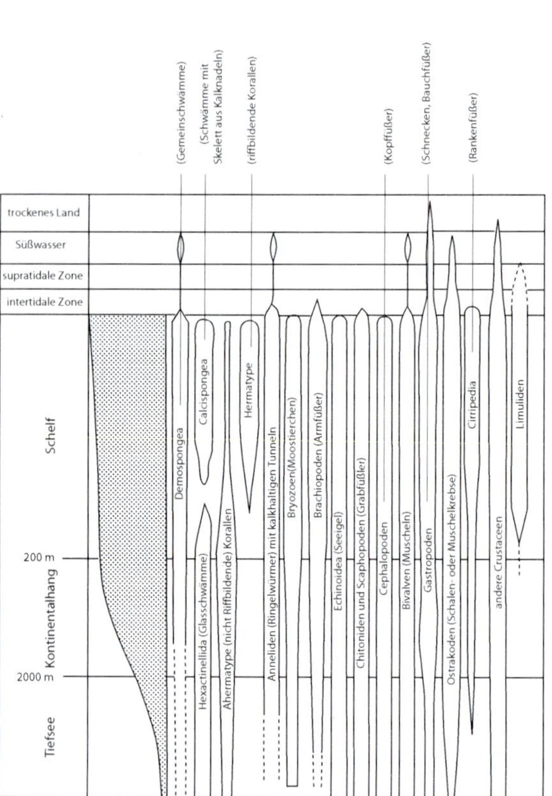

■ **Abb. 6.2**   Verbreitung von lebenden Organismen über einen Tiefengradienten. (Nach Benton und Harper 2009)

Zeitraum - Kambrium – heute

Milieu - subaquatisch (marin – Süßwasser, polar – tropisch, flachmarin – abyssal)

Schwämme sind knollen- bis kelchförmige Organismen, sesshafte Filtrierer, die Wasser durch innere Kanalsysteme pumpen.

■ Nesseltiere (Cnidaria, Klasse Anthozoa: Korallen)

Rugose Koralle: *Hexagonaria hexagona* (Mitteldevon)

Skleraktinische Koralle: *Favia* (rezent)

Tabulate Koralle: *Favosites basaltica* (Devon)

Zeitraum - Ordovizium – heute

Milieu - marin, flach (benthisch) bis größere Tiefen (z. B. rugose Korallen)

Diese Gruppe besitzt eine große Varietät von sowohl solitär als auch in Kolonien lebenden Cnidarien, einschließlich Quallen, Seeanemonen und Korallen. Die Cnidaria-Fossilien mit der größten Bedeutung sind, wegen ihrer riffbildenden Funktion, die Korallen, obwohl Weichteil-Cnidaria (ohne Skelett) aus dem Jungproterozoikum bekannt sind (Ediacara-Fossilien). Im Allgemeinen nimmt die Diversität von Korallen mit der Wassertiefe ab. Korallen besitzen massive, externe, kalkige Skelette. Vier Hauptgruppen wurden identifiziert:

- Tabulate Korallen (Ordnung Tabulata) – ausschließlich koloniebildende Korallen aus einzelnen Coralliten (Unterordovizium – Perm)
- Rugose Korallen (Ordnung Rugosa) – solitär lebende und koloniebildende Korallen (Mittelordovizium – Oberperm)
- Skleraktinische Korallen (Ordnung Scleractinia) – solitäre und koloniebildende Korallen (Mitteltrias – heute)
- Octocorallia Korallen (Unterklasse Octocorallia) – koloniebildende Organismen (? Ediacara – heute)

Mollusken (Mollusca)

Zeitraum - Kambrium – heute

Milieu - marin bis Süßwasser bis terrestrisch

Gastropoda, *Murchisonia binodosa* (Mitteldevon)

Ammonit, *Perisphinctes sp.* (Jura)

Belemnit, *Belemnitella mucronata* (Kreide)

Nautilus (rezent)

Muschel *Mercenaria mercenaria* (Pliozän)

Heutzutage umfasst diese Gruppe unter Anderem Schnecken, Muscheln, Austern, Kalmare und Oktopusse. Erstes Auftreten im Kambrium mit einer enormen Radiation im Ordovizium. Drei Hauptgruppen werden unterschieden:

- Gastropoden (Klasse Gastropoda) – Mollusken, bei denen der Großteil des Körpers von einem asymmetrischen, spiralförmig gewundenen Gehäuse bedeckt ist (Kambrium – heute).
- Cephalopoden (Klasse Cephalopoda) – bilateral symmetrische, gekrümmte bis eingerollte Mollusken, gewöhnlich mit einem Außenskelett, das eine Vielfalt an Formen ausbilden kann. Cephalopoden sind die größten, intelligentesten und agilsten Mollusken (Kambrium – heute). Innerhalb der Cephalopoden sind drei Gruppen von großer stratigraphischer Bedeutung:
  - Nautiloiden (Unterklasse Nautiloidea) – diverse Gruppe von kleinen bis großen Cephalopoden (Kambrium – heute),

- Ammoniten (Unterklasse Ammonoidea) – diverse Gruppe von kleinen bis großen (ausgewachsene Tiere konnten bis zu 6 m Größe im Durchmesser erreichen) Cephalopoden mit externem Gehäuse, die gewöhnlich planispiral gewunden sind (Devon – Kreide),
  - Belemniten (Ordnung Belemnitida) – projektilförmige Cephalopoden mit einem internen Skelett (Karbon – Kreide).
- Pelecypoden, Muscheln (Klasse Pelecypoda) – zweischalige (bivalve) Mollusken. Eine morphologisch hochdiverse Gruppe von typischen Muschelformen bis zu großen Hörnern und gestreckt zylindrischen Röhren, bei denen es sich um die wichtigsten Riffbildner der Oberkreide (z. B. Rudisten) handelt (Kambrium – heute).

Brachiopoden (Brachiopoda)

Brachiopode (articulata), *Coenothyris vulgaris* (Muschelkalk)

Brachiopode (Inarticulata), *Lingula sp.* (Oberdevon)

Zeitspanne - Kambrium – heute

Milieu - vorwiegend flachmarin (manche mit hoher Salztoleranz), Vorkommen mancher Arten in Tiefen bis zu 6000 m

Eine diverse Gruppe von hohem stratigraphischem Nutzen besonders im Paläozoikum. Es gibt zwei Hauptgruppen:

- Klasse der Inarticulata – Brachiopoden vor allem im Altpaläozoikum von Bedeutung (Aussterben der meisten Familien bis Ende Devon),
- Klasse der Articulata – die wichtigste Gruppe der Brachiopoden.

▪ Echinodermen (Echinodermata)

Seelilie, *Encrinus liliformis* (Mittlere Trias)

Seeigel, *Cidaris vendocinensis* (Kreide)

Zeitraum - ?Jungproterozoikum – heute

Milieu - marin (flach – abyssal)

Eine diverse Gruppe, in der die verschiedenen Individuen im Allgemeinen über eine fünfstrahlige (pentamere) Radialsymmetrie verfügen. Verschiedene Klassen sind identifiziert, einschließlich:

- Seeigel (Klasse Echinoidea) – kugelförmige bis flache Organismen, bei denen es sich um die Echinoiden mit der größten stratigraphischen Bedeutung handelt (Unterkambrium – heute),

- Seelilien (Klasse Crinoidea) – Echinodermen mit einem konischen, kugelförmigen oder kelchförmigen Körper, von dem häufig lange Arme ausgehen. Sie sind hauptsächlich mittels langer, säulenartiger Stiele am Substrat befestigt oder freilebend (Mittelkambrium – heute),
- Blastoiden (Subphylum Blastozoa, Klasse Blastoidea) – armtragende Echinoiden, häufig gestielt und mit einem konischen oder kugelförmigen Körper (Silur – Perm),
- Cystoiden (Subphylum Blastozoa, Klasse Eocrinoidea) – die ältesten armtragenden Echinodermen (Kambrium – Silur),

Graptolithen (Hemichordata)

Graptolithen: *Didymograpus sp.* (Ordovizium)

Zeitraum - Kambrium – Oberkarbon

Milieu - marin

Bei den Graptolithen handelt es sich um die fossilen Überreste von koloniebildenden, planktonischen bis benthischen Organismen. Von stratigraphischer Bedeutung sind sie im Altpaläozoikum.

▪ Arthropoda

Arthropoda ist eine große und diverse Gruppe, die Insekten, Krabben, Garnelen und Ostracoden umfasst.

▪ Trilobiten (Klasse Trilobita)

Trilobiten *Dalmanites sp.* (Untersilur)

Zeitraum - Kambrium – Perm

Milieu - flachmarin

Trilobiten besitzen einen Rückenpanzer und verfügen des Weiteren über eine dreifache Unterteilung: Cephalon (Kopf), Thorax (Rumpf), Pygidium (Schwanz). Trilobiten sind charakteristisch für das Kambrium (mit einem Maximum an Diversität im Oberkambrium), merklich abnehmend im Ordovizium. Sie besaßen komplexe, zusammengesetzte Augen, konnten aber auch blind sein und zeigen vielfältige Anpassungen an ihre Umgebung (z. B. Salinität, Temperatur, Sedimentart).

Serviceteil

Literatur – 222

© Springer-Verlag GmbH Deutschland, ein Teil von Springer Nature 2019
T. McCann, *Pocket Guide Geologie im Gelände*,
https://doi.org/10.1007/978-3-662-59422-3

Literatur

Benton MJ, Harper DAT (2009) Introduction to paleobiology and the fossil record. Wiley-Blackwell, Oxford, S 592

Blatt H, Tracy RJ, Owens BE (2006) Petrology. Igneous, sedimentary, and metamorphic. New York, W. H. Freemann and Company, S 530

Clarkson ENK (1998) Invertebrate palaeontology and evolution. Blackwell Science, Oxford, S 452

Dunham RJ (1962) Classification of carbonate rocks according to depositional texture. In: Ham WE (Hrsg) Classification of carbonate rocks, 1. Aufl. Memoir, American Association of Petroleum Geologists. American Association of Petroleum Geologists, Tulsa, S 108–121

Embry AF, Klovan JE (1971) A late Devonian reef tract on north-eastern Banks Island, Northwest Territories. Bull Can Pet Geol 19:730–781

Hamilton WR, Woolley AR, Bishop AC (1974) The Hamlyn guide to minerals, rocks, and fossils. Hamlyn, London, S 320

Jerram D, Petford N (2011) The field description of igneous rocks, 2. Aufl. Geological field guide series. Wiley-Blackwell, Oxford, S 238

Markl G (2004) Minerale und Gesteine. Eigenschaften-Bildung-Untersuchung. Elsevier & Spektrum Akademischer Verlag, Heidelberg, S 355

McCann T, Valdivia Manchego M (2015) Geologie im Gelände. Das Outdoor-Handbuch. Springer Spektrum, Heidelberg, S 376

Nichols G (2009) Sedimentology and stratigraphy, 2. Aufl. Wiley, Oxford, S 432

Orton GJ (1996) Volcanic environments. In: Reading HG (Hrsg) Sedimentary environments: processes, facies and stratigraphy. Blackwell Science, Oxford, S 485–567

Pettijohn FJ (1975) Sedimentary rocks, 3. Aufl. Harper & Row, New York, S 628

Philpott AR, Ague JJ (2009) Principles of igneous and metamorphic petrology. Cambridge University Press, Cambridge, S 684

Ronov AB, Yaroshewsky AA (1969) Chemical composition of the Earth's crust. In: Hart PJ (Hrsg) The Earth's crust and upper mantle. American Geophysical Union, Washington D.C., S 37–62

Schumann W (2007) Der große Steine- und Mineralienführer. BLV Buchverlag, München, S 399

Stow DAV (2006) Sedimentary rocks in the field. A colour guide. Academic Press, San Diego, S 320

Thorpe R, Brown G (1985) The field description of igneous rocks. geological society of London handbook. Wiley, Chichester, S 155

Wenk H-R, Bulakh A (2004) Minerals. Their constitution and origin. Cambridge University Press, Cambridge

Weiterführender Link

OutcropWizard (▶ www.outcropwizard.de)

springer.com

Willkommen zu den Springer Alerts

Jetzt anmelden!

- Unser Neuerscheinungs-Service für Sie:
  aktuell *** kostenlos *** passgenau *** flexibel

Springer veröffentlicht mehr als 5.500 wissenschaftliche Bücher jährlich in gedruckter Form. Mehr als 2.200 englischsprachige Zeitschriften und mehr als 120.000 eBooks und Referenzwerke sind auf unserer Online Plattform SpringerLink verfügbar. Seit seiner Gründung 1842 arbeitet Springer weltweit mit den hervorragendsten und anerkanntesten Wissenschaftlern zusammen, eine Partnerschaft, die auf Offenheit und gegenseitigem Vertrauen beruht.

Die SpringerAlerts sind der beste Weg, um über Neuentwicklungen im eigenen Fachgebiet auf dem Laufenden zu sein. Sie sind der/die Erste, der/die über neu erschienene Bücher informiert ist oder das Inhaltsverzeichnis des neuesten Zeitschriftenheftes erhält. Unser Service ist kostenlos, schnell und vor allem flexibel. Passen Sie die SpringerAlerts genau an Ihre Interessen und Ihren Bedarf an, um nur diejenigen Information zu erhalten, die Sie wirklich benötigen.

Mehr Infos unter: springer.com/alert

A14443 · Image: Tastatur vengmr/iStock